7x24小时在线解码动物密语
动物解码大师 是如何一路养成的？
动物百科讲解 能让你成为“行走的动物百科全书”？
AI动物翻译官 是怎样读懂动物秘密的呢？
动物密语加载中…
即刻解码 知识爆棚！
微信/抖音扫码添加
AI动物翻译官

你好，动物翻译官

赵序茅 著

课本中的动物不简单

SPM 南方传媒 | 广东人民出版社

·广州·

Preface

前言

《斑羚飞渡》《狼王梦》……这些以动物为主题的故事深受青少年的喜爱，有的篇目甚至被选入语文教材。儿童天生就对动物有亲密感，对于未知事物充满好奇，动物故事自然是一种体验方式。然而，以动物为主题的文学作品良莠不齐，其中很多动物形象只不过是披了件动物的外衣，将人类世界的复杂关系甚至某些阴暗面投射于动物之身，和真实的动物行为没有任何关系。这些动物形象对孩子真正认识动物、了解自然造成了极大的困惑。

其实，真实的动物世界的精彩程度一点儿不比小说差，只不过缺少科研人员把它们的故事讲出来。科研、科普与文学作品并不矛盾，反而可以相互促进。科研为科普提供内容深度和科学素材；科普可以扩大科学研究的影响力，进而反哺科普；而文学正是最好的科普载体。当今，国际上一些著名的生物学家，如爱德华·奥斯本·威尔逊、理查德·道金斯，他们既是学术研究的大家，同时也是享有盛誉的科普作者，他们的科普著作风靡全球。有影响力的科普著作不仅可以提升科研的影响力，对于提高全民科学素养也具有重要的意义，而全民科学素养的提高，则能为科研营造良好的环境，从而形成良性互动。

笔者去很多地方讲过科普，在与家长、老师以及学生的交流过程中发现：家长和老师对学生知识结构的教育依然停留在“读名著、背古诗”的阶段；而对于学生探索自然、认识自然的支持不够。现在很多学校进行科技创新，其实是技术工艺的模仿，远远谈不上科学思维的引导和训练。且当前教育中，常把科学和技术混为一谈，存在“抬高技术，轻视科学”的现象，或者根本没有认识到科学的价值。比如，我们极为重视科技成果的宣传和教育，但是对于催生这些科技成果的科学原理方面的科普却极为缺乏。

在当下“双减”的政策下，科普可以弥补传统教育的一些不足。长期以来，我们的学生形成了追求标准答案的固化思维。因此，青少年的科普教育要带领学生跳出标准答案的桎梏则是思维引导的第一步。教给学生如何思考是思维引导的第二步。科普可以融会贯通，尤其和其他领域进行结合，既满足了学生的求知需求，又可以得到思维的锻炼。比如“《西游记》中的博物学”“古诗词中的动物学”“《水浒传》中的地理学”，甚至，我们在欣赏古今中外名画的同时，也可以解读其中的科学密码。

科普作为科技创新的“一体两翼”，是一个国家科技水平和创造能力的体现，是培养科技创新的重要途径。提高全民科学素质、培养青少年的创新意识，是文化强国的重要组成部分。没有全民科学素质的普遍提高，就难以建立国际领先的创新队伍，难以实现科技自立自强。

作为一名一线科研人员，我一直在努力将科研成果科普化、多样化，加强对青少年科普思维的引导，为实现全民科学素养的提高贡献自己的一份力量和社会担当。通过科学普及建设，在全社会形成讲科学、爱科学、学科学、敬科学的风尚。

目录

CONTENTS

小兔不乖

“小兔子乖乖，把门儿开开。快点儿开开，我要进来。”

这是我们从小就熟悉的儿歌。小兔子模样可爱，可现实中的它并不乖，它的灵敏、狡猾，以及许多行为，可能都超出你的认知。

动物小档案

- 学名：野兔（多个兔属的合称）
- 门：脊索动物门
- 纲：哺乳纲
- 目：兔形目
- 科：兔科

顺风耳

小兔子分为家兔和野兔，野兔有很多种，如雪兔、东北兔、华南兔、高原兔、云南兔、海南兔和塔里木兔等。其中雪兔、海南兔和塔里木兔是国家二级保护动物。野兔生性怯懦，天敌很多。对其威胁较大的有狐、狼、狗、鹰。为了躲避天敌，野兔白天将身体下半部分藏在洞里，脊背平于地面或稍高一些，凭借身体的保护色而隐藏，并密切关注周围的情况。

野兔长有一对很长的耳朵，这么大的耳朵有什么作用呢？

野兔的大耳朵就像一台搜寻敌机的雷达，其耳内的密毛则恰如天线一般。每当它们把两只耳朵高高竖起并稍作转动的时候，数十米外的微小声音都会被那灵敏的耳朵察觉到，在判断出声源的方向后，野兔会处于高度警惕状态并随时准备逃逸。只有在它们休息时，才会把耳朵耷拉下来并紧贴在颈背上。

警惕状态的野兔

▲ 非凡的速度

奔跑高手

如果发现敌情，野兔会立即逃跑。善跑是野兔在长期的生存斗争中锻炼出来的一个过硬本领。野兔前肢较短，后腿稍长，腰部肌肉发达，四肢强健有力，整个身体始终保持着一种前倾姿势，因而逃跑时爆发力极强，犹如加了弹簧一般，短距离的最高时速可达 80 千米 / 小时，并具有惊人的耐久力。即便是猎手主动接近野兔，聪明的野兔也有逃生技巧，它能在危急关头来个急转弯，而把天敌巧妙地甩开。万一不小心被抓住，被抓的一瞬间，经验丰富的野兔会用尽全力，不顾疼痛把天敌蹬开。要知道，野兔的后腿非常发达，产生的力量足以把金雕的爪子踢断、把野狼的门牙踢掉。

借洞逃生

在被天敌追杀的过程中，善于奔跑的野兔绝不会盲目地奔跑，它还有其他避敌的妙招：利用洞穴避敌。平时，在野兔活动的地域内，所有洞穴它都要去“调查”一番，并且不厌其烦地反复这样做。当白天被天敌追击时，野兔能迅速而准确地逃入最近的洞中。

野兔虽有借洞逃生的本领，但它并不喜欢长时间待在洞中，而是更喜欢待在地面上。夏季多伏在植物丛中，冬季则选择地表背风向阳处掘浅穴而居，或者在田间找个合适地形迎风而卧。

野兔生性狡猾，行动诡秘，经常调换隐藏位置。

常说“狡兔三窟”，但有种穴兔至少有 5 个洞穴，它在主要洞口处留有隆起的土堆。穴兔是出色的“建筑师”，它的洞距离地面的深度可达 3 米，长可达 40 多米，洞道直径约 15 厘米，其“卧室”高度为 30~60 厘米。那些没有土堆的洞口，主要是用来临时逃避天敌的。

在一些沿海岛屿上，往往有许多兔子在彼此相邻的区域做窝，一眼望去，地面上的洞口星罗棋布，密密麻麻一大片。每当发现险情时，受惊的兔子常用后肢敲击地面，发出“咚咚”声。这无疑是一种传递警告信号的声响，能使左邻右舍的伙伴们听到，伙伴们也都心领神会，一个个不约而同地迅速钻进洞中。

躲在洞中的野兔 ▶

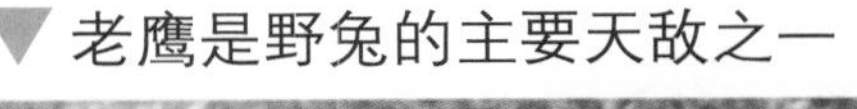

▼ 老鹰是野兔的主要天敌之一

“天女散花”

野兔的繁殖力很强，一只母兔一年可生产 30 只左右的仔兔，即使在哺乳期，母兔照样可以怀孕。当年春季出生的仔兔，到秋季就能性成熟，在冬季到来之前，还可以繁殖 1~2 窝小兔。这么多小兔子，兔妈妈要如何保护呢？别急，聪明的野兔自有避敌高招。

母兔产崽可以用“天女散花”来形容。母兔生产的时候，仔兔不全在一处落地，而是根据当时周围的环境和“敌情”陆续分娩。这样分散产崽，可以减少暴露的目标，很好地躲避天敌的袭击，就算被发现也不至于被“一锅端”。当然，在洞穴较多的沟谷地区，也有部分野兔习惯于在洞穴中产崽。在兔妈妈的哺乳后期，仔兔常随母兔出洞取食青草或晒太阳，但总不离洞口左右。一有动静，就由母兔带领着尽快逃入洞中。

幼兔出生几天后便分散开，每晚日落后聚集在哺乳点（出生地或其附近）等待哺乳，母兔随后便赶来。每次喂乳仅用几分钟，之后幼兔又各自散去。显然，幼兔的分散活动和短暂的喂乳时间是减少被捕食风险的一种适应行为。有意思的是，哺乳完毕后母兔常常舔吸幼兔排出的尿液，这是为了防止一些嗅觉灵敏的兽类，如狐狸、狼，发现它们的哺乳点而突然袭击。

野兔宝宝

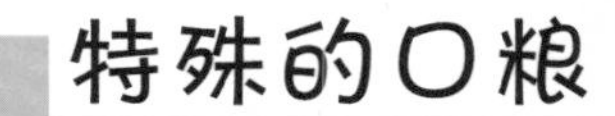

特殊的口粮

野兔通常以林地、较高的灌丛作为隐蔽所，晚上从隐蔽所移动到取食地觅食。野兔是动物界中的素食者之一，食物范围很广，包括各种无毒杂草的幼苗和茎叶、树木的枝叶和嫩皮、植物的种子和果实。它们还有一种必不可少的特殊口粮，那就是被消化道加工过的、已排出体外的粪便——软兔粪。

野兔为何要把这种软粪统统吃掉呢？

中国科学院动物研究所动物专家冯祚建研究发现：对野兔而言，软粪是一种重要的营养物质。野兔排出的粪便有两种：一种是结实的、形态完整的粪便，另一种是经过盲肠后排出的软粪便。野兔食用的就是软粪，这种软粪中含有大量的粗蛋白、矿物质以及B族维生素，因此将其吃下去，可以满足野兔的营养需求。

研究野兔的粪便，还要从兔子的盲肠说起。

野兔的盲肠很发达，平均长度为体长的1倍多，是消化道的最大器官，可以说是野兔体内的一个大“发酵罐”。当食物中的营养被小肠消化吸收后，剩下的一部分残渣移行到盲肠，那里生存着数以万计的细菌和原生动物，这些“能工巧匠”能对食物残渣进行进一步的发酵及其他生化反应。由盲肠重新加工过的残渣在夜间从肛门排出，这是一种湿润的并包着黏膜的球状软粪，一经排出，当即被野兔整个吞下或稍加咀嚼后吞下。另一种是比较干燥的硬粪，圆球状，野兔不吃，不过这种粪便依旧含有许多营养物质和微量元素，包括各种维生素在内，故可入药，用作中药称为“望月砂”。

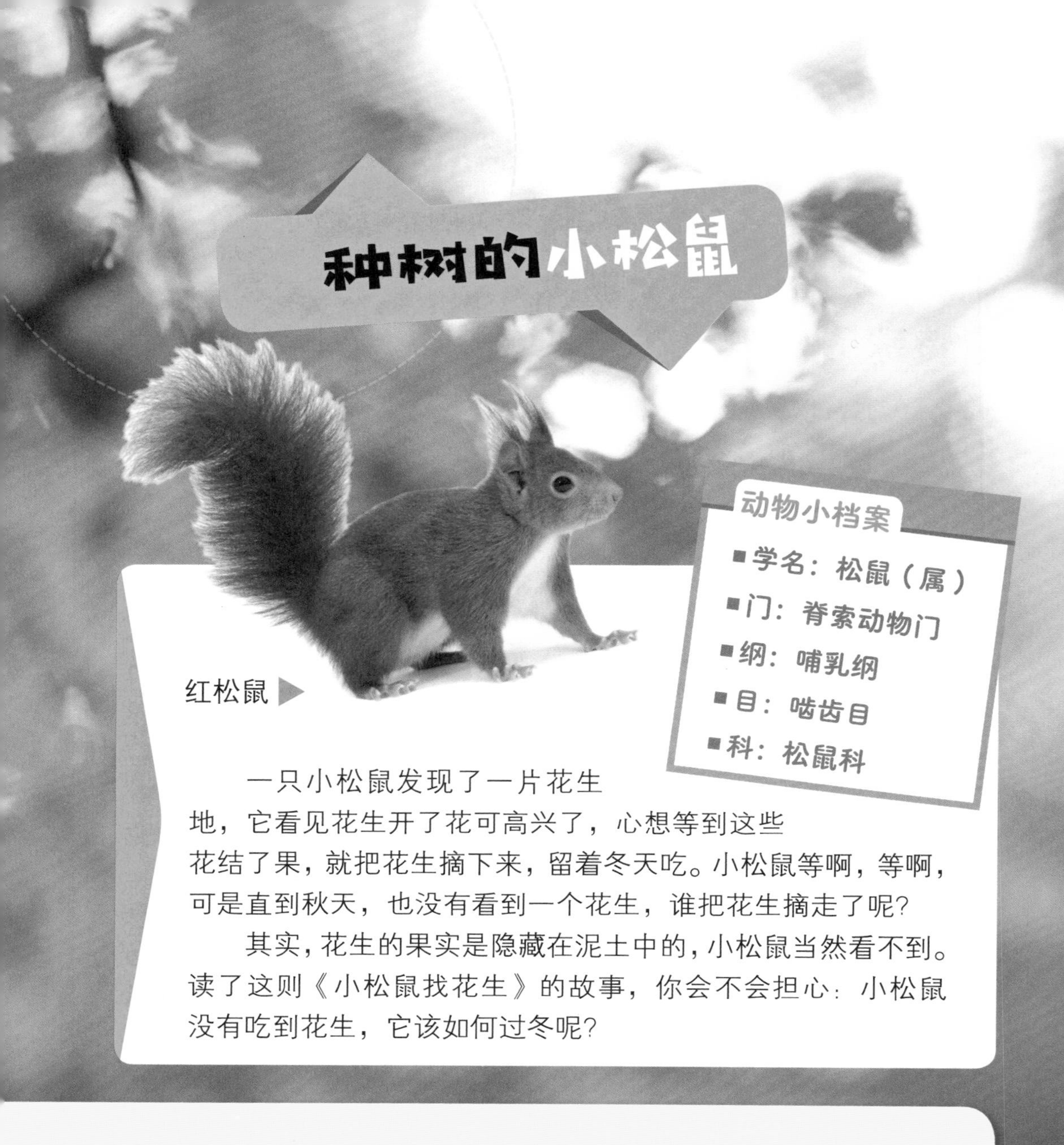

种树的小松鼠

红松鼠

动物小档案

- 学名：松鼠（属）
- 门：脊索动物门
- 纲：哺乳纲
- 目：啮齿目
- 科：松鼠科

一只小松鼠发现了一片花生地，它看见花生开了花可高兴了，心想等到这些花结了果，就把花生摘下来，留着冬天吃。小松鼠等啊，等啊，可是直到秋天，也没有看到一个花生，谁把花生摘走了呢？

其实，花生的果实是隐藏在泥土中的，小松鼠当然看不到。读了这则《小松鼠找花生》的故事，你会不会担心：小松鼠没有吃到花生，它该如何过冬呢？

其实我们不必担心，因为松鼠会在冬季来临前存储好食物。松鼠的食物多为植物的种子以及一些蘑菇，在秋季食物丰富的时候，松鼠会将多余的食物找个地方藏起来。它们很机智，有时会把食物都藏在一个地方，如巢穴中；有时也会分开进行贮藏——每个地方都藏一些。它们采取哪种贮藏方式，是根据食物的特点和周围的环境决定的。比如，松鼠会将球果进行集中贮藏，对橡子进行分散贮藏。

储存食物是以备不时之需，可茫茫林海，松鼠是如何记得自己储存食物的位置呢？

灰松鼠和红松鼠可能是靠空间记忆找回贮藏的食物的。科学家在森林中观察到，一些干蘑菇会挂在树冠上，红松鼠会直接爬上挂有干蘑菇的松树。然而，以红松鼠的视觉和嗅觉，在地面上是既看不见又闻不到蘑菇气味的，唯一可能的解释就是，那些干蘑菇正是红松鼠藏在树上的食物，红松鼠具有空间记忆力，记住了贮藏蘑菇的地点。

比起蘑菇，松鼠分散贮藏的种子更多，它们大部分都可以被找到。可是依旧有些种子，会被松鼠忘记藏在了什么地方，这些被遗忘的种子会怎么样呢？

这是因为，松鼠将大量的种子分散埋藏在地表下或林地内的枯落层中，这样的贮藏点非常适合种子萌发。例如，松鼠埋藏的红松种子深度多在2.5~3.5厘米，而这一深度被认为有利于松树的种子萌发。努力埋“粮食”的松鼠，一不小心就当了义务育苗员。

松鼠这种分散贮藏食物的行为，对于种子的传播是大有好处的。

首先，分散贮藏有效地降低了种子的密度，有助于种子的存活。比如，红松种子如果直接落在树下，很容易全都被小动物吃掉，而松鼠将其捡走，贮藏在各个地方，一部分种子便有可能完整保存至萌发。其次，松鼠贮食可以扩大植物的分布。虽然松鼠的搬运距离通常只有几十米，但对于植物来说，传播地往往是新的分布区。

在森林里，每到春天，总能见到一丛丛、一簇簇松苗破土而出。这并不是人们育的苗，那是谁的功劳呢？原来是松鼠呀！

猴子善于学习

动物小档案

- 学名：猴（属）
- 门：脊索动物门
- 纲：哺乳纲
- 目：灵长目
- 科：猴科

有只小猴子在井边玩耍，看到井里面有个月亮，以为月亮掉到井里去了。于是，它召集大伙儿一起捞月亮，捞了半天，月亮好好地挂在天上。现实中，猴子们不会去捞月亮，不过它们擅长互相学习。

猴子和人类一样同属于灵长目，它们属于猴科，我们属于人科，在亲缘关系上人与猴是近亲。可是，猴子对人类有时并不太友好，在国内外的一些地方，猴子经常抢夺游客的物品。生活在印度尼西亚某寺庙附近的一群长尾猕猴长期对游客进行“敲诈勒索”，它们还会抢走游客身上值钱的物品，比如手机、相机等。然后坐等游客缴纳“赎金”——食物，来领回自己的物品。我们心目中聪明可爱的小猴子为何会这样呢？

◀ 长尾猴种类繁多

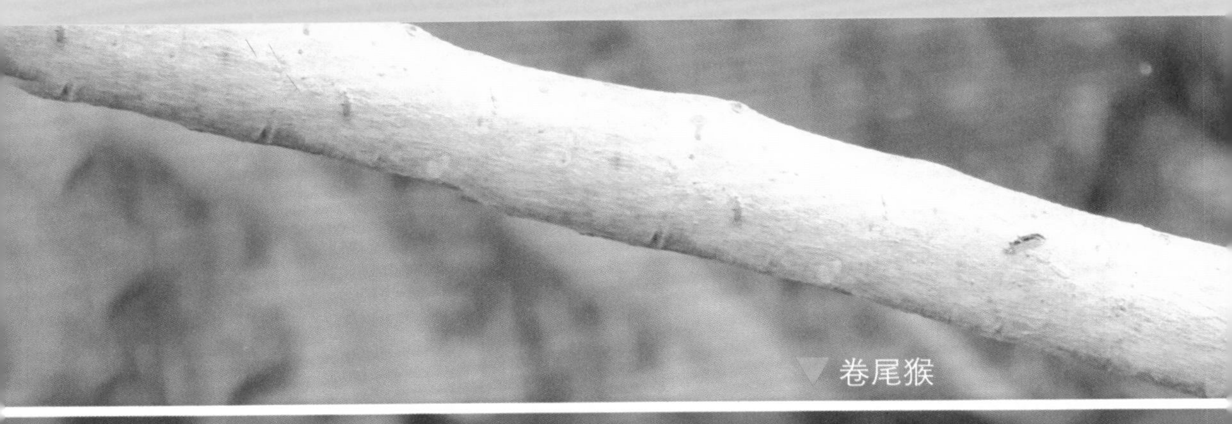

卷尾猴

比利时列日大学的灵长目动物专家花了近4个月的时间观察了寺庙周围4个不同的猴群。这4个猴群中猴子的年龄结构不同，接触游客的机会也不同。观察结果显示：接触游客较多的两个猴群发生"敲诈"、抢劫的概率较高；而越是远离人群的猴群越本分。此外，抢劫游客行为的发生概率和猴群的年龄结构有关，猴群中的年轻雄猴越多，参与抢夺的概率也越高。在猴群中，年轻的雄猴在群体内的地位比较低，猴群中的高等级个体占据食物最丰富的地盘，其他雄猴无权染指。"穷则思变"，年轻的雄猴为了获取优质的食物，只好去扩宽新的渠道。它们中的一只一旦获取了新的食物，很容易在群体之间传播。猴群中很多新食物的获取往往来自年轻雄猴的探索。

▲卷尾猴

对于猴子来说，相互学习、模仿并不是什么难事，比如一只猴子进行抢劫，另一只猴子就能模仿。但是，某种行为，比如“抢劫行为”，要在猴群中扩散开来，让其他猴子都学习和接受，这可不是简单的个体间模仿了，而是一种社会性学习行为。那么，是什么原因让猴子发生社会性学习呢？有关猴子学习动机的假说有多种：随大流，模仿有经验的猴子，从父母或近亲那里学习，从自己的经验中学习。

加州大学戴维斯分校的研究人员对哥斯达黎加的一群卷尾猴进行了研究，发现“收益偏好”是猴群学习的动机，简单说就是猴群是否愿意学习某种行为，取决于这种行为能否给它带来收益。以卷尾猴开坚果为例，一种有效的开果方法可以在很短时间内（2 周）在猴群中传播开来，即便是猴群中有些个体已经掌握了开果技术，它们也愿意学习更有效的方法。这些猴子非常善于观察、学习，也会利用个人经验学习。其中，老年猴子往往依靠自己的经验，而年轻的猴子则更多地向其他猴子学习。

乌鸦的智商超乎想象

◀秃鼻乌鸦

动物小档案

- 学名：鸦（科）
- 门：脊索动物门
- 纲：鸟纲
- 目：雀形目

一只乌鸦口渴了，它看到一个装满水的瓶子。可是瓶子里的水不多，瓶口又小，喝不到，怎么办呢？乌鸦把瓶子旁边的小石头一颗颗放进瓶子里，使得瓶子里的水位升高。乌鸦就这样喝到水了。

的确，这只是个故事，现实中乌鸦不需要到瓶子里找水喝，它们完全可以飞到小河、水塘去饮水。但可不要因为故事是虚构的而小看了乌鸦的智商，它们若真的遇到了瓶子里的水，是能够想到放石头的办法的。不信？来看看科学家的实验吧。

秃鼻乌鸦是乌鸦家族的一种，科学家为了测试它的智商，设计了一个小实验。在一个透明的瓶子里放上水，水面上放上秃鼻乌鸦爱吃的虫子。秃鼻乌鸦看到美味近在眼前，很想吃那只虫子。可是瓶子口很小，它够不着，怎么办呢？这时，秃鼻乌鸦发现瓶子旁边有很多碎石子，于是，像故事中那样，它用嘴巴将石子叼起来放进瓶子里，一颗，两颗，直到瓶子里的水溢出来，就这样秃鼻乌鸦顺利吃到了虫子。然后，科学家把瓶子里的水换成锯末，在锯末上放上虫子，看看乌鸦的表现。结果，乌鸦没有往里面放石子，它知道那是白费力气。

中国的新疆有个大沙漠，一望无际，叫塔克拉玛干沙漠。塔克拉玛干沙漠炎热干燥、终年少雨，被称为“生命的禁区”。然而沙漠的周边生活着一种神奇的鸟类——白尾地鸦。与一身黑色的乌鸦不一样，白尾地鸦仅尾部有少许黑色。它是中国的特有鸟，只生活在中国新疆地区。早在 1876 年，俄国探险家普尔热瓦尔斯基在塔里木河至罗布泊考察时，就曾经收集到白尾地鸦标本，并把它定名为“塔里木松鸦”。

白尾地鸦为典型的沙漠鸟类，由于长期在沙漠环境中生存，它的身上打上了“沙漠”的烙印：体羽呈沙褐色，十分接近环境的颜色；嘴峰较长，并稍向下弯曲，具有挖掘和埋食的功能；鼻孔被稠密的羽毛覆盖，极其适应荒漠干旱的环境，翅短而圆，很少长距离飞行；跗跖长而强健，善于在沙漠中奔跑。当地的维吾尔语称其为“克里尧丐”，有“大步流星，奔跑如飞”之意。

白尾地鸦

茫茫沙漠中白尾地鸦吃什么？无数人对此充满了好奇。研究表明，白尾地鸦的食物包括金龟子、漠王甲、象甲、伪步行虫、金针虫等，繁殖季节以鞘翅目的昆虫为主。这些昆虫大多数在地表活动，俗称“甲壳虫”。此外，白尾地鸦也吃植物的种子、果实和叶，还有蝗虫、蜥蜴、双翅目幼虫及其他昆虫等，还吃马粪，属于杂食性鸟类。

能在沙漠中生存，白尾地鸦有怎样的生存技巧呢？

仅仅从觅食的技巧来看，白尾地鸦就可谓高人一等。

首先是储藏食物的策略。观察发现，白尾地鸦储藏食物的行为与其他鸦类十分接近。中科院新疆生态与地理研究所研究员马鸣在野外考察时首次记录到白尾地鸦的储食行为，当他把馕掰碎丢弃在路边时，机警的白尾地鸦很快发现并开始搬运。它们似乎不急于填饱肚子，而是先运输和储藏，在最短的时间里“清理现场”，不给其他动物留下太多的机会，也避免风沙将食物刮走或覆盖。

其次是找到所藏食物的技能。在狂风肆虐又变幻莫测的茫茫沙海中，白尾地鸦是如何找到先前储藏的食物的呢？鸟类一般不像兽类那样通过嗅觉去寻找食物，更不会像肉食类动物一样撒尿来标记埋藏地。莫非是用视觉定位？然而，在沙漠中这种定位是否管用？面对流动的沙丘，靠视觉搜索无疑是大海捞针！

遗憾的是，目前我们只知道白尾地鸦能通过定位寻找储藏的食物，却不知它是如何做到的。

此外，在沙漠中，白尾地鸦如何寻找水源维持身体所需要的水分？作为体形较小的鸟类，白尾地鸦如何抵抗风沙的袭击？鸟类大多喜潮湿阴凉，而沙漠地面的平均温度为70℃，白尾地鸦为何能够抗高温？这些都还是未解之谜。

目前，白尾地鸦数量已不足7000只，被列为“世界濒危鸟类”和“全球狭布鸟种”，已被收入“亚洲鸟类红皮书”之中。

◀白尾地鸦

◀ 星鸦正准备储存食物

星鸦为山地针叶林植物群落间常见的鸟类，在繁殖季节捕食大量森林害虫，对森林害虫数量有控制作用。最让人惊叹的是，星鸦储藏食物的能力，不仅满足了自己的需求，客观上还为森林作出了贡献，堪称鸟与自然和谐互利的典范。

星鸦在秋季至翌年早春主要以红松种子为食，偶食浆果。秋季种子成熟时，星鸦在取食的同时会储藏大量种子作为冬季和早春的食物。若在森林中看到星鸦，发现它们嘴里含着种子，要知道，它们正在为冬季做准备呢。

星鸦在树上取食部分种子后，通常储存 30~50 粒于舌下囊中，飞行 2~5 千米后，将种子埋藏在土层下 2.5~3.5 厘米深的地方，每个贮点多为 2~4 粒。星鸦每天至少搬运种子 10 次，达 400 粒。一个储藏季节内，一只星鸦可储藏至少 16000 粒种子。

到了冬天，星鸦从一个地方飞到另一个地方，从一座森林飞到另一座森林，享用着它们储藏的松子。其实星鸦找到的储藏食物不一定是自己储藏的，当然，自己储藏的松子也可能成为其他星鸦的食物。也就是说，星鸦每飞到一片新林子，就到处寻找松子，因为总能找到别的星鸦藏下的松子。它会把树洞扒拉开看看，还会到树根底下翻捡，或者刨开灌木丛，就算是大雪覆盖的灌木丛下，也能找到自己同类藏下的食粮。

冬季积雪很深，嗅觉敏锐的星鸦也难以找出所有埋下的种子。翌年4~5月，林内积雪消融，红松种子有了适宜的温度和水分条件，成丛的幼苗破土而出。因此星鸦能有效地扩散红松种子，有利于红松的天然更新。

星鸦

渡鸦被认为有着高智商，它们行为复杂，表现出较高的智力和社会交往能力。最能体现渡鸦智慧的当属它们的“拆婚”行为。

渡鸦有时会骚扰其他同类的“约会”活动，从而把一桩可能的“婚姻”扼杀在“摇篮”中。在6个月间，研究者总共观察到了渡鸦564次“约会”行为，其中有106次出现了其他渡鸦来干扰的情况。在这106次恼人的干扰活动中，52.8%的尝试成功了，约会双方被分开。

更为神奇的是，干扰行为的实施者大部分是“夫妻鸦”和“情侣鸦”，受害者大部分是“相亲鸦”。渡鸦为何要拆散别人的姻缘呢，在我们人类的世界中可是“宁拆十座庙，不毁一桩婚”的呀。渡鸦拆婚，对它自己有什么好处呢?

这还要从渡鸦的生活方式说起。渡鸦是一夫一妻制的，一旦确立夫妻关系可以维持很久，合雌雄二鸦之力，渡鸦往往可以战胜独栖的同类，获取食物或领地。因此在渡鸦中就形成了一个强烈依托于夫妻关系的社会结构，位于最顶端的“成功鸦”是已经建立了繁育后代关系的“夫妻鸦”；居于其后的是那些已经

渡鸦▼

很亲密，但是还未拥有领地的“情侣鸦”；随后是正在试图建立情侣关系的“相亲鸦”；而位于社会底层的渡鸦，则为“单身鸦”。至此，渡鸦“搅黄”同类幸福的意图便昭然若揭了，“夫妻鸦”及“情侣鸦”破坏其他渡鸦间的结合，也就变相地保证了自身的地位，维持了食物和领地的稳定。

渡鸦▲

很多时候，用人类的观点看待鸟类，的确不可思议，鸟类的行为还有许多有待探索。

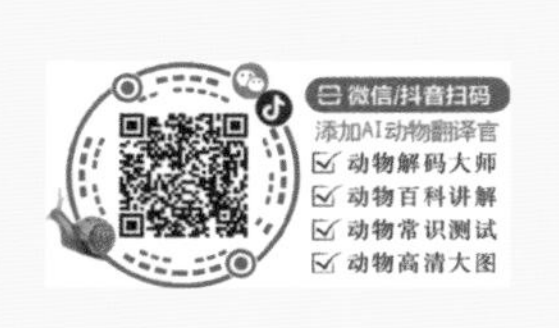

小蜗牛

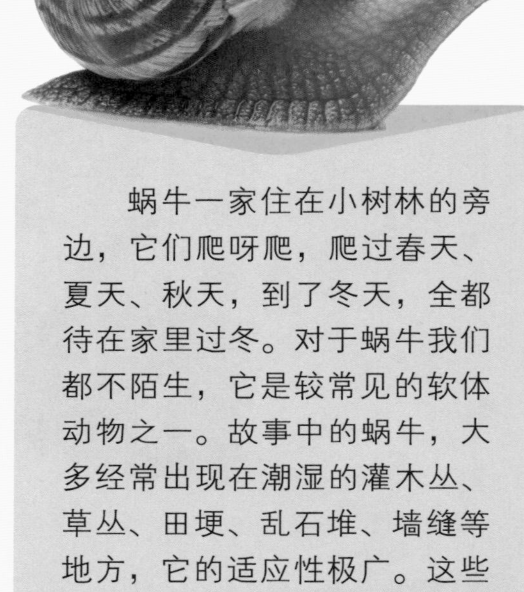

蜗牛一家住在小树林的旁边，它们爬呀爬，爬过春天、夏天、秋天，到了冬天，全都待在家里过冬。对于蜗牛我们都不陌生，它是较常见的软体动物之一。故事中的蜗牛，大多经常出现在潮湿的灌木丛、草丛、田埂、乱石堆、墙缝等地方，它的适应性极广。这些小蜗牛主要以植物的根、茎和叶为食物，尤其是喜欢食植物的幼芽和嫩叶，因而对农作物有一定的危害。

动物小档案

- 学名：蜗牛（科）
- 门：软体动物门
- 纲：腹足纲
- 目：柄眼目

黏液

蜗牛喜欢潮湿的环境，怕阳光、怕干燥，阴雨天最为活跃。蜗牛白天喜欢躲起来睡大觉，夜晚才出来活动，到了第二天清晨太阳出来的时候，它们会再次“潜伏”。蜗牛的行进速度非常缓慢，每分钟只能爬行十几厘米。我们在蜗牛爬过的地方往往可以看到一行银灰色的线条，犹如空中飞机飞过留下的痕迹。这是蜗牛分泌的黏液，遇到空气变干燥，呈银灰色，这些黏液会对植物的叶面造成损伤。蜗牛行走的时候会把“房子”背在身上，所谓的“房子”其实是它的壳，遇到危险的时候，它会立即躲进去。

蜗牛虽然会危害一些植物，但并非十恶不赦，它们也有一些贡献，比如蜗牛可以帮助某些植物传粉，其粪便有着改良沙漠土壤的作用。我们看待事物要客观全面，人类眼中的“有害”动物，可能也有好的地方呢。

老鼠也有好处

动物小档案

- 学名：鼠（科）
- 门：脊索动物门
- 纲：哺乳纲
- 目：啮齿目

“鼠”是一个大家族，主要成员为啮齿目下的一些中小型动物，比如用于做实验的大白鼠、小白鼠，野外生活的田鼠、仓鼠、鼹鼠、鼢鼠、沙鼠，森林中的松鼠、鼯鼠等，还有半水生的麝鼠，以及城市和乡村常见到的小家鼠、大家鼠（褐家鼠）等。这些动物统统都可以称为“老鼠”。还有一些动物如河狸、豪猪和旱獭等，也是老鼠的近亲，但是不以鼠命名。家里出现的老鼠，给人的印象非常坏，它们不是偷粮食、破坏庄稼，就是咬碎衣物、传染疾病，所以很多人认为老鼠都是很可恶的动物。而实际上，野外生活的鼠类（啮齿动物）在自然界中的位置非常重要。

人类医学的进步也要感谢小鼠们

据中科院动物研究所王德华研究员介绍，鼠类在种类上占绝对优势，在现今4000余种哺乳动物中，接近一半是啮齿动物（鼠类）。这些物种的生存方式多样，适应能力极强，几乎各种环境中都有它们的身影，是大自然这个大家庭中的重要成员。

老鼠这个庞大的家族是食物链上的重要一环。在野外，老鼠以植物的种子、果实以及昆虫等为食物，而它们又是一些中小型猛禽和猛兽，比如猫头鹰、蛇、狐狸动物们的食物。如果没有老鼠家族的“贡献”，很多以老鼠为食的动物就无法生存，那么大自然也就不会有如此丰富的动物种类。

此外，很多老鼠有储存食物的习惯，它们会把一些植物的果实、种子藏进自己的洞中。来年春天，一些被老鼠遗忘的种子，或者因老鼠被天敌捕猎而遗弃的种子，就会萌发，而老鼠洞穴中的粪便，又为这些植物的成长提供了充足的养分。因此，老鼠对于植物种子的传播有着很大的帮助。

对我们人类来说，虽然老鼠对我们的生活环境造成了很大的破坏，但是它们也有很多的贡献。我们现在生物学、医学、药理学等很多的研究发现和成果，多数是在老鼠的“帮助”下发现的。每一种新药的研发，都需要使用大批的老鼠来进行实验，它们为了人类的健康贡献了自己的生命。

对于老鼠，我们不能“一棍子打死”。对人类，它们有过，也有功。除了那些和我们人类接触比较密切的老鼠，大多数老鼠生活在偏远的地方，和人类的交集很少。

喜鹊的北京户口

“从前，这里只有一棵树，树上只有一个鸟窝，鸟窝里只有一只喜鹊。树很孤单，喜鹊也很孤单。后来，这里种了好多好多树，每棵树上都有鸟窝，每个鸟窝里都有喜鹊。树有了邻居，喜鹊也有了邻居。”

这篇《树和喜鹊》讲述了同伴的重要性，也能从侧面看出，喜鹊的生存能力是很强的。的确，自然界中的喜鹊，无论在荒芜的原野还是繁华的都市，它们都有能力存活下来，尤其在我们的首都北京，大量喜鹊立足繁衍，已经拥有了“北京户口”。

动物小档案

- 学名：喜鹊
- 门：脊索动物门
- 纲：鸟纲
- 目：雀形目
- 科：鸦科
- 属：鹊属

在北京，有万千“北漂”大军，既没有北京的户口，也买不起北京的房子。对于这些人来说，喜鹊着实是值得狠狠羡慕的对象了，不仅早早取得了“北京户口”，居住的房子也是“独栋别墅”，再加上与生俱来的建筑本领，喜鹊巢堪称鸟类巢穴中的“豪宅”。

当然，拿喜鹊和人类相比是有些离谱，那姑且就和其他鸟比吧。中国有1400多种鸟，能在城市中生存下来的有多少种呢?

数据告诉我们，偌大的北京,能够生存下来的鸟类，仅仅百余种，大部分还是迁徙期的过客。能够常年见到的只有十余种，还大都生活在北京郊区。能在北京市中心的各大花园、广场“招摇过市”的仅有喜鹊、八哥、乌鸦等少数种类。

在繁华的都市中，喜鹊的强大绝非偶然，那是99%的汗水和1%的机遇造就的。

口碑佳，名声好

在鸟类中，喜鹊的外貌平庸，叫声只能说比乌鸦好听点儿，至于优美悦耳，真是和它毫不相干。可以说，随随便便拉出个鸣禽来，那声音的动听程度都能甩喜鹊好几条街。但是喜鹊却有一个好名声，从人们为它取的名字就能看得出，在很多人心中，喜鹊是一种“福鸟”。

说来很无奈，因为人类的一些偏见和错误观念，许多鸟儿的“命运”发生了改变。

比如猫头鹰，自然界中的猫头鹰大多兢兢业业、勤勤恳恳，它们捕抓害虫，客观上保护了庄稼。可是猫头鹰有个问题，作息时间和人类不一致，昼伏夜出，它们干的好事，人类总是看不到，而晚上凄厉的叫声反而常被人听到，认为“不吉利”。于是猫头鹰在我们的传统文化中，背负了恶名，功劳被无视。

相比之下，喜鹊早早起来，叫上几声，迎接新的一天，白天时不时再叫几声，每次叫得恰到好处，不多也不少。叫少了听不见，叫多了扰民——好的名声就这样来了。

喜鹊

▲雨燕

喜鹊的巢建在高高的树上 ▶

不依赖，知变通

说起名声和口碑，北京雨燕也不差，2008年北京举办夏季奥运会的时候，雨燕还被设计成奥运吉祥物之一的“妮妮”。每年4月到8月，遍布城区的雨燕是北京一景。可是时至今日，北京城里的雨燕却在逐年减少，这是为什么呢？

北京是古城，木质结构的古建筑非常多，雨燕的巢就建在这些木结构的榫卯孔隙中。可随着时代的发展，旧城改造，越来越多的老式建筑被拆除。雨燕的适应能力一般，它们不懂得“变通”，钢筋水泥的高楼大厦实在住不惯，于是只能大量迁走。

相比之下，喜鹊就很“变通”了。它们筑巢本就不依靠人类房屋，而是把巢建在高高的树上。人类的设施增多之后，电线杆上、高的平台上，喜鹊也能建巢，讲究随机应变、随遇而安，人类城市的发展也很难影响喜鹊的繁衍生息。

会分享，懂合作

想要在人类世界有一席生存之地，那些孤傲又凶猛的动物恐怕都难以做到，森林之王老虎、天空中威武的金雕，它们形单影只，只适合生存在荒无人烟的野外；但如喜鹊、乌鸦、老鼠这些过集体生活的动物，反而更能适应环境，无论环境如何变化，“我自岿然不动”。

喜鹊是一类懂合作、会合作的鸟。尤其是繁殖期，它们的巢区连在一起，互为依托，有出去捕食的，有站岗放哨的，轮流值班，合作共赢，一旦发现敌害，群起而攻之。即便是鸢、红隼靠近，也能被它们打得落花流水。

能吃苦，能适应

鸟类的筑巢技能再好，没有食物也是枉然。很多鸟类濒危，不仅仅是因为栖息地的破坏，更重要的原因在于它们的食物过于单一，一旦环境变化，就找不到合适的替代食物了。而喜鹊不一样，它们的食物来源广泛，从来不挑食，草籽、虫子、蜥蜴都是它们的盘中餐，食物短缺的时候，人类的厨余垃圾它们也不嫌弃。能吃苦，能适应，也是它们强大的一个重要原因。

动物的世界很精彩，它们的生存时刻充满危机和挑战。物竞天择，适者生存，很多动物的故事值得我们细细品读。

◀ 巢中的宝宝们会被守护得很好

枫树上的喜鹊

在《枫树上的喜鹊》一文中，作者写道他喜欢站在枫树下面，看着大大的喜鹊巢，想象喜鹊一家的生活。的确，喜鹊是人们熟悉和喜爱的一种鸟，自古以来被人们认为是吉祥的象征。许多地方流传着“喜鹊叫喳喳，喜事到我家”的民谣。

动物小档案

- 学名：喜鹊
- 门：脊索动物门
- 纲：鸟纲
- 目：雀形目
- 科：鸦科
- 属：鹊属

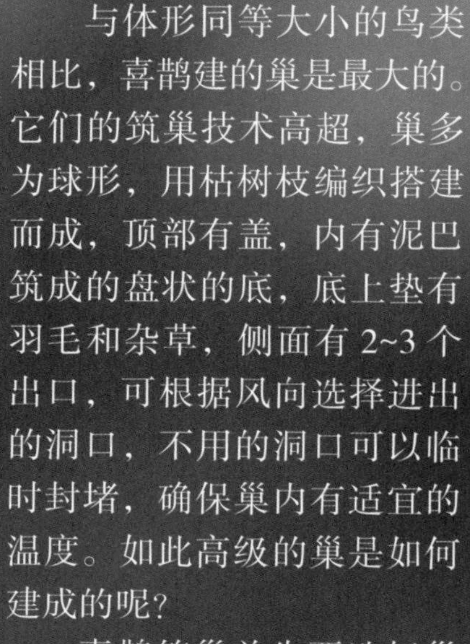

与体形同等大小的鸟类相比，喜鹊建的巢是最大的。它们的筑巢技术高超，巢多为球形，用枯树枝编织搭建而成，顶部有盖，内有泥巴筑成的盘状的底，底上垫有羽毛和杂草，侧面有2~3个出口，可根据风向选择进出的洞口，不用的洞口可以临时封堵，确保巢内有适宜的温度。如此高级的巢是如何建成的呢？

喜鹊筑巢首先要选好巢址，对它们而言，巢址的选择极为重要。喜鹊选择巢址会考虑两方面因素：营巢树因素（营巢树的高度、胸径、巢位高度、巢上方的植被盖度）和环境因素（嘈杂度、食物的丰富程度）。

一般来说，高大的乔木可以吸引自然营巢的喜鹊。有趣的是，喜鹊的营巢高度在一定程度上受人类活动的影响，也就是说，在人类走动多的地方，喜鹊会把巢建得更高。我们在野外的观察也确实证明了这一点，在乌鲁木齐市区附近，喜鹊的巢都很高，一般超过10米，而在南山、后峡附近就明显低得多。喜鹊会考虑树有多高、有多壮，而似乎很少考虑树是什么种类。另外，它也不会选择在枝盖特别大的树上筑巢，因为高大的枝盖会遮挡太阳和雨露，不能为喜鹊提供良好的光照和温湿条件。

与此同时，喜鹊还要考察巢址周围的环境。考虑到食物来源问题，喜鹊喜欢将巢建在人类生活区和垃圾桶旁，但如果那里太嘈杂了，已经超出喜鹊的忍受范围的话，那它就不会在附近筑巢。食物来源和环境嘈杂度得综合考虑，但究竟哪一个因素是喜鹊优先考虑的呢？这一点还有待进一步观察。

巢址一旦确定，就要开工了。喜鹊开始用细树枝搭建巢的框架，开始的几根树枝最难固定，常常是刚刚摆好就掉落下来，有时好不容易搭好了三五根树枝，不知哪一根树枝没有放好，就会连带以前搭好的树枝全部落下，前功尽弃。

△喜鹊为了筑巢在寻找材料

巢中的喜鹊卵

这样“白手起家”搭一个新巢，需将近一个月的时间。喜鹊的巢从远处看，就像是一个用树枝搭起来的大球，巢的外壁要用去 500 多根树枝，而里层更加讲究，里层是一个泥巢，泥巢内有一个用苔藓、软草、鸟羽、兽毛等许多软物做成的“毡垫”，厚度可达 2~3 厘米。在这样的巢里，既温暖舒适，又可遮风挡雨。

喜鹊在巢建好后会立即开始产卵，每窝产卵 5~8 枚，有时多至 11 枚，一天产一枚。卵产齐后由雌鸟担负孵卵工作，经过约 17 天的孵化，小鸟即可出壳。刚刚孵出的雏鸟全身无毛，要经其双亲共同喂养近一个月的时间才能离巢单独活动。

一般鸟类的巢只有在繁殖期才使用，即用来产卵、孵卵、育雏。所以鸟的巢并不是一般意义上“家”，而是“产房”和“育婴室”。喜鹊却有些与众不同，它在繁殖期以外的时间也会住在巢里。有趣的是，人们常会见到喜鹊连续几年在一个巢址上不断翻新扩建，结果巢越来越大，成为“鸟楼”。有人认为“楼”内一定有多个可供居住的空间，其实不然，喜鹊一般利用旧巢繁殖，但繁殖前要进行修缮。有时因风吹雨淋、年久失修的原因，鸟巢的破损较为严重，喜鹊不用旧巢了，就在原来的巢上面直接建造新巢。旧巢受到新巢的重压而坍塌，成为新巢的巢底，其内并无可用空间。我们在科考中，见到过的鹊巢最多可达三层。

喜鹊的“鸟楼”

动物王国开大会

老虎准备伏击

动物王国准备开大会，森林之王老虎让狗熊通知大家，狗熊在狐狸、大灰狼、梅花鹿的提醒下，一次又一次才把通知内容说清楚，终于开成了大会。我们一起来看看会议的主角吧。

动物小档案

- 学名：虎
- 门：脊索动物门
- 纲：哺乳纲
- 目：食肉目
- 科：猫科
- 属：豹属

森林之王到流离失所

老虎是当之无愧的森林之王，它在广阔的森林中生活、捕猎、繁衍后代。老虎是机会主义捕猎者，几乎可以捕杀它遇到的大多数猎物。说到这里，想必很多人会认为，老虎的捕猎一定很简单，就像电影和小说中那样，只要老虎现个形，呼啸几声，猎物就逃无可逃了。

现实中，老虎的捕猎远没有想象得那么威风。如果捕不到鹿类等较大的动物，老虎也会捕食野兔、松鸡、鼠、鱼等充饥。实在饿急了，就顾不得体面，只好拾捡腐尸。老虎捕猎主要靠偷袭，这可能与我们眼中老虎的形象不相符，如此威猛的老虎为何还要偷偷摸摸？

森林中，老虎身强力壮，爆发力强，善于奔袭，但是它耐力有限，长跑并不是它的强项。在老虎的猎物中，野猪无疑是很难缠的一个，尤其是发情期的公猪，是森林中极少数敢向老虎发起进攻的动物。长有锋利獠牙的公野猪，是老虎经常被迫应战的对手。如果被公野猪发现，而且公野猪据了有利地形，比如背靠大树或大石，老虎往往知难而退；有时，老虎也进行强攻，这时就免不了一场厮杀。老虎动作敏捷、随机应变，总是“先下手为强”。而大公猪有粘满松油的厚皮和大獠牙，也是有恃无恐，伺机进行反击。虎猪相斗，虎常常得胜，但难免受伤，甚至受重伤。在战斗中，公野猪若是摆出拼命的架势，老虎也往往选择放弃。

▲成功得手的老虎，终于能饱餐一顿了

作为森林之王的老虎，如今日子却过得十分艰难。人类大量砍伐森林，破坏了它们的家园，更可恨的是某些人为了获取老虎的皮毛、骨骼，对老虎进行捕杀，这导致老虎家族的野生种群大幅度减少。

目前，中国华南虎野外种群已经灭绝。曾广泛分布于我国东北林区的东北虎，由于人类的捕杀行为，以及原始森林的丧失，现在已为数不多。印支虎的情况也不乐观，从 20 世纪 90 年代中期报道的 30~40 只，到 2009 年报道的 14~20 只，到现在依然不断减少，野外种群可能已不超过 10 只。孟加拉虎曾分布于西藏南部和东南部，以及云南西部的阔叶林区，目前也岌岌可危，可能只在西藏的墨脱县存在一个残存种群，数量仅有 8~12 只。

狼无大群

从外形上看，狼和狼狗极为相似，但狼吻略尖长，口稍宽阔，耳竖立，尾挺直状下垂。狼的生存能力极强，凡山地、林区、草原、荒漠、半沙漠以至冻原均有狼群生存。狼既耐热，又不畏严寒，夜间活动，嗅觉敏锐，听觉良好，天性机警，极善奔跑，常采用“穷追”的方式获得猎物。狼主要以鹿、羚羊、兔等为食，有时亦吃昆虫、野果或盗食猪、羊等。狼能耐饥，亦可盛饱。

狼是群居性极高的物种，以家庭为单位活动。一般情况下，狼的家庭是由雌狼、雄狼和它们年轻的后代组成。一群狼的数量大约在5~12只，在冬天寒冷的时候最多可到40只左右。在冬天的大狼群之中，以一对优势配偶为领导，它们之间存在等级。早在幼狼进行战斗时，等级就已经确立了。身体越强壮，战斗力越强，等级就越高。在狼成长的过程中，等级制度通过不断的争斗得以强化，争斗一般会在一方的顺从后迅速结束。

狼群

当一对配偶狼离开其父母的类群去营造自己的生活时，一个新的狼群就诞生了。随着家系的成长，在雌性和雄性中分别形成线性首领等级系统，而那对家系的奠基配偶至少在一段时间内要占领家系的首领地位。这些统治权力主要表现在诸如优先获取食物、良好的栖息地。但这不是绝对的，任意一只狼的大概半米的范围都是它的“所有权”地带，该区域的食物，即使地位较高的狼也不会与其争抢。

遭遇狗熊怎么办

我们所说的“狗熊”其实是亚洲黑熊的俗称。亚洲黑熊体格强健，最富标志性的特征就是胸前的白色“V”字条纹。还记得《西游记》中的黑熊怪吗？它与大多数妖怪不同，它对唐僧肉不感兴趣，单单对唐僧的紫金袈裟爱不释手，于是在一个月黑风高的夜晚，盗走了袈裟。在野外，黑熊对于袈裟当然不感兴趣，要说它们对什么情有独钟，那一定是蜂蜜了。

◀黑熊爬树非常灵巧

在野外考察时，我们经常看到被毁的土蜂窝，那很有可能就是黑熊的“杰作”。它找到野生的蜂窝，会立即撕开来取食里面的蜜。蜜蜂具备强大的防御能力，还有“毒刺”作为化学武器，可是面对黑熊的侵犯，它们往往无计可施。黑熊全身长有长而厚、浓而密的体毛护身，再加上它们身上厚厚的脂肪层，蜜蜂的“毒刺”对它毫无办法。黑熊偏爱蜂蜜是有原因的，每 100 克蜂蜜中含有约 300 卡路里的能量，人类取食一勺蜂蜜 (约 5 克)，需要走路 11 分钟才能消耗完。野外食物很多，而高热量的食物是任何一种野生动物都无法抗拒的，黑熊也不例外。

我们人类在野外遇到熊怎么办？有人说装死。作为科研工作者，我可以明确回答这个问题：黑熊不挑食，不是活物也照样吃。有人说上树。实际上，黑熊上半身健壮有力，前爪长，是非常擅长爬树的，很多时候，黑熊甚至会在树上觅食。黑熊小时候上的防御第一课就是爬树，黑熊幼崽为了躲避其他猛兽的攻击，会爬到树上。

那到底该怎么办？其实这些办法都是多余的。黑熊伤人往往是因为被人类激怒了，而黑熊主动伤人甚至吃人的情况少之又少。原因很简单，人类不是它的猎物，它不知道人肉能不能吃、好不好吃，所以一般来说，它不会在人身上白白浪费工夫。

▼ 黑熊

雄性梅花鹿

动物小档案

- 学名：梅花鹿
- 门：脊索动物门
- 纲：哺乳纲
- 目：偶蹄目
- 科：鹿科
- 属：鹿属

梅花鹿

动物王国若真的开大会，最不可能参加的应该就是梅花鹿了。老虎、狼和黑熊都属于猛兽，而梅花鹿是食草动物。通常情况下，老虎和狼都是梅花鹿的天敌。如果梅花鹿去开会，很可能就一去无回了。

梅花鹿是一种中等体型的鹿，成年雄鹿体重可达90~100千克。它们身上布满白色斑点，像朵朵梅花，因此得名“梅花鹿”。此外，梅花鹿屁股上有两个大白斑，在野外非常容易识别。它的尾巴很短，主要为了适应快速奔跑，而长尾巴比较碍事。

我们印象中，梅花鹿长有长长的角，其实雄性梅花鹿才长角，雌性不长角。雄性梅花鹿的角上长有四个分叉，威武霸气。不过，在天敌老虎、狼面前，它那对长角仅仅是摆设而已，“中看不中用”。梅花鹿的长角主要是用来“打内战”的，发情期雄鹿之间的争斗，全仰仗着头上的鹿角。它的这对角可不是一年四季都在生长，每年春天会换角，蜕掉长角，换上短短的鹿茸，等到秋天再次长长。

梅花鹿是草食动物，主食草、树叶和果实。它们胆子非常小，耳朵非常灵敏，一旦发现天敌立即逃之夭夭。梅花鹿也是群体活动的，它们是一雄多雌制度——一只雄鹿可以拥有多个雌性配偶。

小壁虎的尾巴

小壁虎不小心被蛇咬掉了尾巴，它四处去借尾巴，不承想自己长出了一条新尾巴。

壁虎是我们日常生活中常见的一种爬行动物，栖息于树林、沙漠、草原及人类住宅区等。住宅区的壁虎住在屋檐下的孔洞缝隙内，在不冬眠的时候出来活动，喜欢昼伏夜出，有时白天也可见到。

▲断尾的壁虎

动物小档案

- 学名：壁虎（属）
- 门：脊索动物门
- 纲：爬行纲
- 目：有鳞目
- 科：壁虎科

故事中，小壁虎被咬掉尾巴，这种说法并不准确。壁虎遇到敌害时，会主动弄断自己的尾巴。这种断尾现象，在动物学上叫作“自切”。刚断落的尾巴由于神经没有死，会不停地动弹，这样壁虎就可以用“分身术”保护自己逃掉。同时，壁虎身体里有一种激素——成长素，这种激素能使尾巴“再生”。当壁虎的尾巴断了的时候，身体就会分泌出这种激素使尾巴长出来，当尾巴长好了之后，它就会停止分泌。这和我们大家看见自己的头发、指甲长出来是一样的道理。有些细胞可以再生，有些不可以，壁虎的尾巴中就有再生性细胞，能通过激素的刺激使尾巴的再生性细胞活跃，再长出新的尾巴。还有些动物也可以，比如蚯蚓，某部分身体断掉，可以再长。

壁虎的尾巴不仅可以帮它逃生，还可以帮助它在光滑的墙壁上保持身体平衡。壁虎飞檐走壁的能力令人类望尘莫及，即使在光滑的玻璃墙上行走，壁虎也可“闲庭信步”。

这种爬墙神技主要归功于它的脚和尾巴。它有四只脚，每只脚有五个脚趾，每个脚趾下有一排排的横褶，上面长有成千上万的腺毛，而每根腺毛的顶端又长有几百个毛茸茸的“小刷子”。这些“小刷子”形成了非常大的吸附力，使得壁虎的每一步都非常坚实、不打滑。

为了保障安全，壁虎的尾巴必不可少。实际上，尾巴还是它的“第5条腿”。在光滑的垂直墙面上行走时，壁虎的尾巴专门用来防止身体向后翻倒。当壁虎的一条腿丧失牵引力时，它就会把尾巴贴近墙壁的表面，以防止在爬行的过程中滑落。一旦滑落，尾巴迅速翻转，可以帮助它控制下降的方向和角度。

在空中滑行时，壁虎会调整身体姿态，背面朝上，腹部朝下，接近地面时伸出腿脚，四肢同时着地。而壁虎在空中完成翻转过程仅需0.1秒，这个速度比以往报道的大多数无翼动物的空中翻转反应速度都要快。这确保壁虎最终能够安全着地，就像跳伞运动员一样。

小蝌蚪如何长腿

《小蝌蚪找妈妈》的故事深入人心，但现实中蝌蚪是不需要找妈妈的，大多数蛙类不会照顾蝌蚪，蝌蚪一生出来就独立了。雌青蛙在水边产卵后，经过一段时间，卵就会孵化成蝌蚪。小蝌蚪以水中的藻类和浮游生物作为食物，并不需要妈妈的照顾。

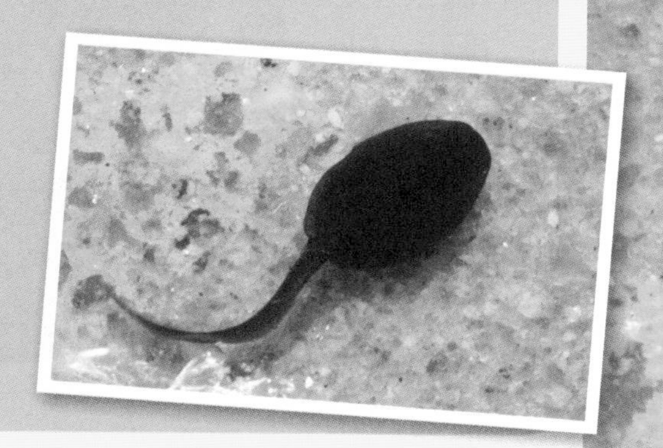

动物小档案

- 学名：蝌蚪（蛙科动物的幼体）
- 门：脊索动物门
- 纲：两栖纲
- 目：无尾目
- 科：蛙科

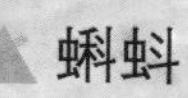

▲蝌蚪

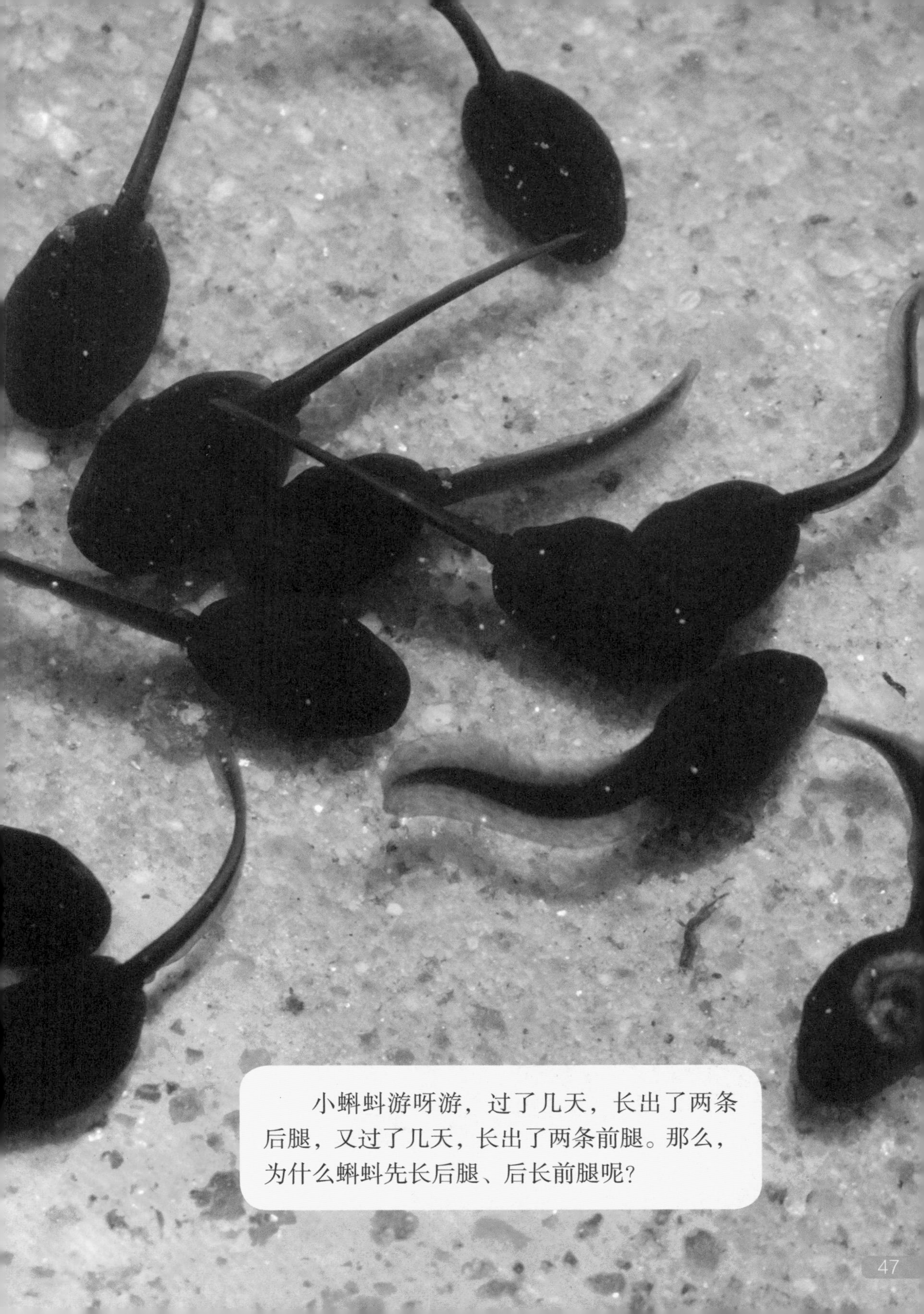

小蝌蚪游呀游，过了几天，长出了两条后腿，又过了几天，长出了两条前腿。那么，为什么蝌蚪先长后腿、后长前腿呢？

先长了后腿的蝌蚪

蝌蚪的前后腿生长顺序与其在演化过程中适应陆地生活有关。刚开始的时候，蝌蚪没有四肢，在水中用鳃呼吸，此时蝌蚪只能依靠尾巴左右摆动来游泳。随着不断长大，这样的方式越来越吃力，为了适应水中的生活，蝌蚪后腿的肉芽开始出现，并且不断长长，接着脚掌和脚趾逐步形成。随后，蝌蚪前脚出现，适应陆地生活的眼睛、嘴巴、肺等器官也逐渐改变或发育。最后，尾巴消失，便成为蛙，能完全在陆地上生活。

蝌蚪向蛙的生长变化，是遵循从水生到陆生的演化顺序的，即优先满足在水中的生存，之后向陆地生存过渡。由于前腿对蝌蚪前进起的作用相对较小，为了更快适应水中的生活，蝌蚪选择了让后腿先长出来，而适合陆地生存的前肢的生长次序则排在后肢后面。

大多数蛙类都是在水中产卵，而后孵化出蝌蚪。2014 年，科学家在印度尼西亚苏拉威西岛发现了一种神奇的蛙，是大头蛙属的一种，这种青蛙可以直接生蝌蚪。这种大头蛙的受精卵在雌蛙体内发育成蝌蚪，发育成熟后脱离母体。相比于大多数青蛙卵生的方式，这种卵胎生的生殖方式可以大大提高幼体存活率，避免了水中的卵被其他动物破坏、吃掉。

尾巴还未完全消失的小蛙

鹦鹉为何学人说话？

一些经过人工训练的鹦鹉会学人说话，它们能说出诸如“你好”“再见”“吉祥”之类的词语。它们是如何做到的呢？

其实，鹦鹉说话只不过是一种模仿，在科学上叫“效鸣”。我们知道，很多鸣禽如百灵鸟，它们会模仿多种动物的叫声。鹦鹉也是如此，在它们的世界里，模仿人说话，和模仿狗叫、猫叫如出一辙，只不过难度系数稍微增加了些。

当然，自然界中有上万种鸟，并非每一种鸟都可以模仿人类说话。要想模仿人类说话，它们自身必须具备几个特征。就拿鹦鹉来说，它具备发达的鸣肌，口腔比较大，舌头软而灵活，可以发出简单的音节，这是学习的基础。此外，还要有人专门教它们说话才行。对于鹦鹉来说，离巢前到换成羽之间的3~5个月是最佳语言学习期，过了这个时间段再教就比较困难了。

◀ 萤火虫

动物小档案

- 学名：萤火虫
- 门：节肢动物门
- 纲：昆虫纲
- 目：鞘翅目
- 科：萤科

萤火虫为何会发光？

所有萤火虫的幼虫都会发光，但是长大以后，一小部分萤火虫成虫就不发光了。萤火虫幼虫发出的光是一种警戒天敌的信号，而成虫的发光则是一种两性交流信号，也就是求偶的语言。萤火虫的成年期非常短暂，必须抓紧时间，利用每一个夜晚去寻找自己的“意中人”。它们用闪光信号将自己的求偶意图广而告之，然后通过雌性萤火虫发回的应答信号寻找配偶。

萤火虫利用腹部特化的发光器内的荧光素、萤光素酶、氧及 ATP（三磷酸腺苷）进行生化反应而发光。荧光素是光的来源，萤光素酶起触发器及催化剂的作用，氧是氧化剂。ATP、荧光素及荧光素酶三者结合成为一个复合体，经氧化作用发光。萤火虫发的是一种冷光，整个发光过程是生物能 ATP 转化成光能的过程，不但不会灼热、烧伤，而且高效、灵敏。

▲松鼠

动物小档案

- 学名：松鼠（属）
- 门：脊索动物门
- 纲：哺乳纲
- 目：啮齿目
- 科：松鼠科

松鼠的尾巴好像降落伞

松鼠拖着一条长尾巴，好像降落伞。在松鼠的日常生活中，尾巴发挥着大作用。松鼠经常在树枝上跳来跳去，这个时候尾巴可以帮助其保持平衡。在它由高处往低处跳跃的时候，蓬松的尾巴可以起到降落伞的作用。

平日里松鼠之间的交流，也会经常用到尾巴，就如同我们人类见面挥手致意，松鼠通过尾巴动作和姿态的变化进行交流。此外，这尾巴还是身份和地位的象征。从两只松鼠见面时尾巴摆放的位置，就可以看出它们地位的高低，高等级的松鼠会把尾巴放低些，而低等级的松鼠则把尾巴抬高些。

此外，在遇到天敌的时候，松鼠会撑开自己的大尾巴，让自己显得更加高大，这样可以起到迷惑天敌的作用。

你看，小松鼠的尾巴真是作用多多。

企鹅寄冰

夏天到了，住在非洲草原的狮子大王热了，于是它让企鹅从南极给它寄一些冰过来。最终企鹅寄过来的冰在路上都化成了水。

现实中，企鹅和狮子生活在截然不同的环境中，它们的生活肯定是不存在交集的。

生活在南极洲的帝企鹅，是世界上现存的18种企鹅中块头最大的，也是世界上会潜水的禽类中个头儿最大的。成年帝企鹅站起高达1米左右，体重40千克左右，它们在陆地上行走时步履蹒跚、东倒西歪，但它们却能夹稳正在双脚背上孵化的蛋,并灵巧地跃过冰沟。它们身上长着浓密、紧凑、厚实而重叠的羽毛层，皮下还有厚厚的脂肪层，起着保持体温的作用。帝企鹅可以像海豚似的游泳，时速达48千米/小时；在冰雪中卧地滑雪，时速达30千米/小时。帝企鹅能够一个猛子扎下50米水深，并在水下待上23分钟。当帝企鹅浮出水面时，其血液或肺中的氧气几乎为零。这种氧匮乏对人可造成器官损伤并导致昏厥，然而对帝企鹅却没有任何影响。

动物小档案

- 学名：帝企鹅
- 门：脊索动物门
- 纲：鸟纲
- 目：企鹅目
- 科：企鹅科
- 属：王企鹅属

每年北半球的三月（南半球的秋季），帝企鹅会游回南极洲的冰雪海岸，分群而居，它们是唯一在南极大陆沿岸过冬的鸟类，并在冬季繁殖。帝企鹅属于合作型一雄一雌制，与其他企鹅相反，雌帝企鹅主动向雄企鹅求爱。帝企鹅的世界以肥为美，脂肪厚的雄帝企鹅最受雌性的青睐，是企鹅中的“美男子”。为争夺这样的“美男子”，雌帝企鹅之间常常会你撕我咬，打得不亦乐乎。如有意，雌雄双方会将头低垂在胸前或昂起头吐露出喉部肌肉，发出欢快的叫声。它们的叫声各有特色，全凭叫声辨认配偶和子女。

帝企鹅交配期间不吃任何东西。交配后，雌雄帝企鹅进入“产前静待”期，彼此静静地挨在一起，直到雌帝企鹅将卵产下。五月，雌帝企鹅将卵排出体外，之后它们颠倒了传统养育后代的角色。雌帝企鹅产完卵后，马上扑向大海里去觅食，以便恢复因产卵而消瘦的身体。于是孵卵的重担就落在了雄帝企鹅的肩上，确切地说是它的脚上。

△帝企鹅一家

雄帝企鹅把卵放在脚面上，用长满羽毛的皮肤——育子囊，覆盖住卵。几百只有孵卵重任在身的雄帝企鹅紧紧挤靠在一起，互相取暖御寒，尽量减少体能的损耗。它们彼此十分友好，互相关照，轮流挤到最暖的群体中心位置暖和一阵。若它们不紧紧挤成一堆，单只帝企鹅在零下 57 ℃孵卵的话，其新陈代谢要加快一倍，不吃东西至多只能存活两个月。

在外出觅食两个多月后、幼帝企鹅破壳而出的时刻，雌帝企鹅会准时返回来。在南极冬季的一片漆黑之中，发出自己特有的寻夫叫声，根据回应在数千个模样相同的雄帝企鹅中准确找到配偶。若雌帝企鹅未能在幼帝企鹅出世时及时赶回来，忠于职守的雄帝企鹅接着挑起哺育幼帝企鹅的责任，用嗉囊里富含蛋白质的分泌物喂养幼帝企鹅。

等到雌帝企鹅带着大量食物返回来，开始把食物反刍给幼帝企鹅，雄帝企鹅才离开，到海里寻找食物填饱肚子。这就是说，从交配到幼帝企鹅孵化出世，雄帝企鹅要绝食 115 天左右，体重几乎减轻了一半。它之所以能坚持这么久，完全得益于它那身又肥又厚的脂肪。如果雄帝企鹅身上的脂肪不够厚实，那它就坚持不了那么长时间，就不得不暂时放弃孵化工作，到大海里去补充营养，此时它的那尚未出生又无人照看的“孩子”就面临着被其他动物吃掉的危险。

幼帝企鹅出世后的 7 个星期里，雌雄帝企鹅轮流担起觅食哺育幼帝企鹅的任务，轮流外出到好几千米远的地方觅食，将食物藏在嗉囊中，半消化后再吐喂给幼帝企鹅吃。幼帝企鹅长到 45 天，个子发育得相当大，父母的“育儿袋”盛不下了，于是被送到群体的“托儿所”照管，其父母则轮换外出觅食，一次去 20 天左右，行程 30~50 千米。幼帝企鹅长到 5 个月大时，它们的父母便离开了，小企鹅开始独闯世界。

帝企鹅『托儿所』

曹冲称的什么象？

三国时期，孙权送给曹操一只大象，曹操想知道大象的重量，就问文武大臣如何给大象称重。大臣们都想不出好办法，而曹操的儿子曹冲想到一个办法，让人把大象赶上船，画上船的吃水线。然后，把大象赶下来，再往船上装石头，装到画线的地方。最后派人称石头，石头的重量就是大象的重量。

你有没有好奇过，曹冲称的是什么象呢?

▲ 亚洲象

动物小档案

- 学名：象（科）
- 门：脊索动物门
- 纲：哺乳纲
- 目：长鼻目

长有象牙的非洲象

常见的大象分为亚洲象和非洲象。一个很明显的区别是，非洲象无论是雌性还是雄性都有象牙，而亚洲象只有雄性拥有象牙。此外，耳朵的形状和大小也不一样，非洲象的耳朵是亚洲象的两倍大。说起大象的耳朵，当大象生气或受惊时，耳朵就向前展开，以表达情绪；在炎热的天气里，大象会不停地扇动耳朵来降温。

顾名思义，非洲象主要生活在非洲，亚洲象主要生活在亚洲。在三国时期，海上贸易还不发达，孙权送给曹操的大象最有可能是亚洲象。成年的亚洲象体重可达3~5吨，在古代确实不容易称量。

亚洲象体型庞大，不过感情却非常细腻，它们看到其他同类有麻烦时，自己也会感到很沮丧，这时它们会安慰对方——就像人类看到他人遇到麻烦时施以安慰一样。

科学家花费了一年时间观察泰国北部某个营地里 26 只被捕获的亚洲象，并记录了其中一只大象痛苦或者害怕时其他大象的反应。例如某只大象被草丛里的蛇、路经的狗或者另一只不友好的大象吓到或伤害时，临近的大象会走过来，用它的鼻子温柔地触摸那只忐忑不安的同伴，或者将鼻子放在同伴的嘴里，这些动作相当于人类的握手或者拥抱，相当于发送了一个信号，即“我是来帮助你的，不是伤害你的”。前来支援的大象还会发出较高的鸣叫声。亚洲象就这样用鼻子和声音安抚悲伤的同伴，就像人类抚慰婴儿一样。

此外，大象还会对象群中成员发出的悲伤信号作出回应，展示相似的情绪信号——类似于某种“移情”，并且临近的大象很可能会聚集在一起发生身体接触。

大象存在强烈的社会纽带，当大象看到同伴陷入悲伤时，自己也会变得悲伤，会主动安慰对方，这和黑猩猩或人类拥抱心烦意乱的朋友的行为并无太大的差异。安慰行为要求非常复杂的思考，这让这种行为在动物界显得十分珍贵。

▼ 亚洲象在安慰同伴

寒号鸟不是鸟

寒号鸟并不是鸟，它其实是鼯鼠，是小松鼠的近亲。中国有3种鼯鼠：复齿鼯鼠（又叫橙足鼯鼠、黄足鼯鼠）、沟牙鼯鼠（又叫黑翼鼯鼠）和低泡飞鼠（海南小飞鼠）。

动物小档案

- 学名：复齿鼯鼠
- 门：脊索动物门
- 纲：哺乳纲
- 目：啮齿目
- 科：松鼠科
- 属：复齿鼯鼠属

鼯鼠的前后肢之间有皮翼，当它想滑翔的时候，就会爬到一个比较高的树枝上，从上面跳下来，然后张开自己的四肢，让皮翼展开。皮翼起到的作用就好像滑翔伞一样，鼯鼠可用自己蓬松的大尾巴控制滑翔方向，从远处看就像是在飞一样，但实际上那并不是飞，因为鼯鼠的皮翼是不会扇动的。

鼯鼠平日里不筑巢，它们居住在现成的岩壁石缝或树洞中，洞内的装饰也极为简单，仅仅铺些干草，冬季用干草封住洞口御寒，然后倒头冬眠，直至春天来临。

最早关于鼯鼠的记载见于《荀子·劝学》：“鼫鼠五技而穷”（鼫鼠即鼯鼠），后世人们解读为“能飞不能上屋，能缘不能穷木，能泅不能渡渎，能走不能绝人，能藏不能覆身”，于是鼯鼠成了人们嘲讽的对象。

不过，人们在嘲笑鼯鼠的同时，却发现鼯鼠的粪便很有用，是一味名贵的中药，被称为五灵脂。

狐狸分奶酪

狐狸假装好心给小熊哥俩儿分奶酪，结果趁机将奶酪吃了个精光。《狐狸分奶酪》的故事展现了狐狸狡猾的一面。

对于狐狸，我们大多耳熟能详，即便大多数人没有见过真正的狐狸，也通过许多神话、传说、寓言故事得知了这种动物。今天我们提到狐狸，大多有着不好的寓意，可在古代并非如此。在先秦至两汉时期，狐狸可是祥瑞的象征，与龙、麒麟、凤凰“平起平坐”。

千百年来，狐狸在与人类的周旋中生存下来。不知它们眼中的人类是什么样的，不过它们的生存智慧，多半是在与人类斗智斗勇中学习的。

动物小档案

- 学名：狐（属）
- 门：脊索动物门
- 纲：哺乳纲
- 目：食肉目
- 科：犬科

狐狸在洞口观察敌情

狐狸具备极强的生存能力，得益于它超强的感官能力和高智商。狐狸的耳朵超级灵敏，可以灵活旋转摆动，监听周围的风吹草动。北极狐眼睛内含有隐花色素，可以感知地球磁场。它捕猎雪下动物时，会寻找与地球磁场最佳匹配点，计算需要越出多远可以擒获猎物。北半球狐狸捕猎雪下猎物时更倾向于跳向东北方（和磁场的方向一致），捕猎成功率达到72%，而跳向其他方向的捕猎成功率只有18%。研究者认为狐狸可能在利用地球磁场来提高捕猎时的精度。

仅靠感觉还不够，狐狸的生存还得益于它高超的智力。几百年来，面对人类的冲击，自然界中的许多物种正在以不可思议的速度消失。狐狸却反其道而行，慢慢地找到了一条与人类和谐相处的道路，甚至适应了城市化的环境。狐狸在乡村和城市拥有完全不同的生活方式，在乡村，狐狸挖洞，修建巢穴；而在城市，它们却很少挖洞，更多利用人造洞穴。

在城市中生存，狐狸调整了自己的食谱——人类食物残渣唾手可得。不过食物残渣会带有大量病菌，狐狸在长期的适应中进化出了更复杂的免疫系统。寻找食物不算难事，它们便把更多的时间用在“社交”上，学会了相互适应。城市空间拥挤，在城市生存的狐狸，其领地仅为农村的1/500，然而狐狸仍可在城市中繁衍。以前城市里出现狐狸，只是英国一些城市的特有现象，现在纽约、悉尼、莫斯科等大城市中都可以发现狐狸生存的痕迹。

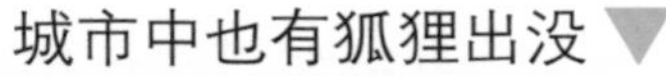

城市中也有狐狸出没

称赞小刺猬

课文《称赞》中有一只住在森林里的小刺猬，采果子为食。在现实中，刺猬是怎样生活的呢？

很多人说自己没见过刺猬，其实刺猬还算挺常见的，只不过不易发现。刺猬昼伏夜出，被人发现的时候，它往往一动不动，蜷缩成一个球，鼻子、眼睛都掩藏起来，身上黄色的刺，从远处看像一堆枯草。

动物小档案

- 学名：刺猬
- 门：脊索动物门
- 纲：哺乳纲
- 目：猬形目
- 科：猬科
- 属：猬属

刺猬的视力不是很好，但是具有绝佳的嗅觉。它可以凭借嗅觉来辨别各种动物的气味，判断是敌是友。刺猬不善于奔跑，面对天敌的时候，会把身子蜷起来，凭借身体厚厚的“盔甲”来躲避天敌。它们身上长有长长的刺，令一些犬科动物无处下口。

一般情况下，刺猬的防御策略是有效的，天敌见无处下口，只能离开。可是，“道高一尺，魔高一丈”。捕猎与反捕猎，自然界中无时无刻不在上演。弱小者思考御敌之策，而捕猎者也在思索如何见招拆招。输赢的代价，不仅关系自身的安危，也会影响着种群的繁衍。当刺猬面对一些大型猛禽，它的策略就不再奏效了。金雕可以把刺猬带到几十米的上空，而后丢下。在重力的作用下，刺猬在空中自由落体，碰撞岩石的一瞬间，预示着生命的终结。刺猬被摔得血肉模糊，金雕的目的达到了。它不仅成功杀死了猎物，还可以任意将其分解。

人类活动曾使许多动物遭遇“浩劫”，而刺猬却安然无恙。大多数刺猬对人类是有益处的，它们以鼠类和昆虫为食，客观上保护了农田庄稼。站在人类的立场，刺猬是有功劳的。

刺猬的防御策略——团成刺球

小马过河

《小马过河》中，勤劳的小马要将麦子驮到磨坊去，途中需要跨过一条小河，在听取了各方意见后，小马终于成功过河。

故事中的马能够帮助人类干活，这类马是早已经被驯化的家马。野马在很久以前就被我们的祖先驯化成家马、牧马和战马，可用于驮、挽（拉车、犁、磨）、骑乘等，是人类历史上重要的役畜。

普氏野马

动物小档案

- 学名：普氏野马
- 门：脊索动物门
- 纲：哺乳纲
- 目：奇蹄目
- 科：马科
- 属：马属

中国的西北地区生活着一种野马，它的命运极为坎坷，它被命名为普氏野马，曾被认为是世界上仅存的一种野马。19世纪后半叶，俄国探险家普尔热瓦尔斯基在准噶尔盆地奇台至巴里坤的丘沙河、滴水泉一带采集到了野马标本，之后将其命定名为“普氏野马”。

普氏野马原本生活在蒙古国和中国的甘肃、新疆等地。

100多年前，普氏野马曾成群结队，驰骋在广阔的戈壁上。19世纪末20世纪初，来自英、俄、法、德等国的探险队在此大规模捕猎普氏野马，对其进行圈养。

20世纪60年代，蒙古国野外的普氏野马消失了，奔腾在中国准噶尔盆地的最后的普氏野马也销声匿迹了，普氏野马仅余的血脉都在异国他乡的动物园里。中国政府从1986年开始规划“野马还乡”工作。2001年，第一批流浪在异乡的27匹普氏野马的后代终于踏上了准噶尔盆地的荒原。至此，野马故乡结束了无野马的历史。

正当人们庆祝普氏野马重归野外之际，2018年一项研究表明，此前被认为是仅存的野马“普氏野马”其实是驯化马的后代，世上早已经没有了野马。普氏野马的祖先早在大约5500年前就已经被哈萨克斯坦北部的波泰人所驯化，后来，普氏野马的祖先从人类圈养的环境下重新逃到野外，一直存活下来。

鸟的天堂

巴金先生的散文《鸟的天堂》，写他年轻的时候，划船经过一个特别的小岛，这个岛是由巨大的榕树组成，并且只有一棵榕树。

一棵榕树是如何形成一座小岛的呢?

这还要从榕树的特点说起。榕树是热带、亚热带地区常见的树种。榕树的树干上会长出长长的根，那是它们的气根，气根着地后木质化，抽枝发叶，又长成新枝干，新枝干又生出新的气根，就这样，根生树，树生根，循环往复，使得一株树可以无限地扩大，变成一片根枝错综的“榕树丛”。当然，要形成一座“树岛”，除了榕树超强的繁殖能力外，还需要一定的客观条件，河心小岛为榕树提供了落脚地。此外，还需要足够的时间，要形成“树岛”，恐怕要300~500年的时间。

动物小档案

- 学名：白鹭
- 门：脊索动物门
- 纲：鸟纲
- 目：鹈形目
- 科：鹭科
- 属：白鹭属

令巴金先生流连忘返的，是岛上的许多鸟，因此把那里称作“鸟的天堂”。那么巴金先生在岛上看到的都是什么鸟呢？

巴金先生见到最多的当属小白鹭。小白鹭作为一种古老而常见的鸟类，早在先秦时期，古人就对其进行过描述和记载。《诗经》中有至少三处写到白鹭，其中《国风·陈风·宛丘》有“无冬无夏，值其鹭羽……无冬无夏，值其鹭翿（dào）”的描述，这里鹭翿是指用鹭羽制作的伞形舞蹈道具。在先秦时期，人们就已经利用白鹭的羽毛制作歌舞的道具了。

杜甫的名句“两个黄鹂鸣翠柳，一行白鹭上青天”刻画了白鹭群飞的姿态。此外，唐代的很多诗歌里都能找到白鹭的影子。李白的《晚归鹭》“白鹭秋日立，青映暮天飞”，形象地描写了白鹭在田地中站立的情景。白鹭喜欢在稻田中活动，即便是今日也依旧可以看到这种场景。这场景，不仅李白见过，王维也见到过，他在《积雨辋川庄作》写道：“漠漠水田飞白鹭，阴阴夏木啭黄鹂。”杜牧的《鹭鸶》“雪衣雪发青玉嘴，群捕鱼儿溪影”中形象地描写了白鹭捕鱼的场景。同样写捕鱼还有顾况的《白鹭汀》：“靃靡汀草碧，淋森鹭毛白。夜起沙月中，思量捕鱼策。”白居易的《白鹭》中“何故水边双白鹭，无愁头上亦垂丝”一句，交代了一个细节“头上垂丝”，这是小白鹭的“婚羽”。

小白鹭

大白鹭

白鹭是鹭科中的一个属，该属鸟类都是中型涉禽，共13种，世界各地均有分布。在中国分布的有大白鹭、中白鹭、小白鹭。通常，人们将羽毛为白色的大白鹭、中白鹭和小白鹭都称为白鹭，而在动物分类学上，白鹭特指小白鹭。

如何分辨大中小白鹭呢？先说大白鹭和小白鹭。繁殖季的白鹭（小白鹭）下背有明显的丝状羽，繁殖期头后侧有一两根细长的翎子。它的胫与脚部呈黑色，趾呈黄绿色，四季不变。而大白鹭的跗跖和趾为黑色。

大白鹭和小白鹭很好区分，难区分的是大白鹭和中白鹭。

从名字上看，大白鹭应该比中白鹭大。其实不然，它们体型的差异不是特别大。大的大白鹭肯定比小的中白鹭大，但大的中白鹭不一定比小的大白鹭小。区分这两种白鹭：一是看嘴，大白鹭的嘴裂开的位置明显位于眼睛后方，而中白鹭的嘴裂位于眼睛的正下方；二是看脖子，大白鹭的脖子更长，且弯曲时“S”形极为明显，给人感觉下巴都要枕到脖子上了。此外，大白鹭有长度、数量极其夸张的繁殖羽。

白鹭捕食

白鹭主要以鱼、蛙、虾和水生昆虫等为食，往往长时间蹲守一处，静候猎物出现。注视着水面几分钟后，一条鱼在水中翻动了一下，白鹭呈“S”形的颈部立即伸直插入水中，将那条尚未沉入水底的鱼捉住。如果白鹭觅到较小的鱼并迅速吃下，其他同伴也无可奈何；如果捕到的鱼较大，来不及吞食，就会招来同伴的哄抢。此时，优雅的举止不再，代之以近乎疯狂的抢食，伴随着粗哑的“呱呱”声，它们在地面和低空追逐，起起落落。有时由近及远，消失在人们的视野中了，过一会儿又由远到近，继续争抢。直到一方将鱼吞下，争抢才会结束，一切归于平静。

春季，白鹭陆续进入繁殖期。与秋冬季节相比，此时它们白色的“礼服”上多了一些装饰：枕部生出两条长羽，像水兵帽子后面的飘带；背部和胸部长出许多蓑羽，纤细如丝，飘逸似发。雌雄白鹭相遇后，尽力展开蓑羽，彰显各自的魅力。结成“夫妻”的白鹭恩爱有加，闲暇时雄鹭会替雌鹭梳理羽毛，表达爱意，如有不速之客靠近，它们便一同向入侵者发出警告，并用尖喙连连发起攻击，直到将其驱离。

在中国南方大部分地区的河边、浅滩、湿地公园，经常可以看到小白鹭，它身穿洁白的“连衣裙”，头后还有两缕飘逸的“丝带”，迈着优雅的步伐，俨然仙气飘飘“白衣少女”。

就是这样一位“白衣少女”，如今却令许多机场痛苦不堪。近年来，白鹭被上海浦东国际机场列为“头号杀手”！2012年，浦东国际机场一架飞机正在跑道上滑行，准备起飞，不料一道美丽的倩影闪过，紧接着“哐当”一声，飞机紧急刹车。旅客们虽然有惊无险，但也不禁让人后怕。造成

白鹭一般筑巢于茂密的林中

这一事故的正是小白鹭。

之后，小白鹭成了机场重点防范的对象，我所在的课题组成为机场的重要合作伙伴，研究防鸟对策。据机场工作人员介绍，每年的8月15日到9月15日这段时间，大批的小白鹭会在机场内活动，给航班的正常起飞带来重大的安全隐患。让我们不解的是，机场为何对小白鹭有那么大的诱惑力？

“鸟以食为天”，有食物的地方自然就有它们光顾的理由。小白鹭的食物来源很广，水边可以捉鱼，庄稼地里可以啄虫。到了8月的时候，幼鸟跟随亲鸟寻找食物，而此时田地里长好了庄稼，它们无处下口，鱼儿也不是那么好抓。机场的草坪便成了它们理想的觅食区，那里有大量的昆虫。我们解剖小白鹭的胃发现，其食物来源中直翅目的昆虫占多数。上海市周围大片的绿地本来就不多，有了这么块觅食区域，小白鹭们犹如发现了新大陆，一传十，十传百，纷纷向机场奔来。

每到小白鹭成群出现的时候，机场驱鸟组的人员，十八般武器齐上阵，驱鸟器、鸟网……能用的全都用上。但说实话，这管得住一时，管不住一世！小白鹭是真正的“勇鸟”，它们前赴后继，勇往直前，只为了一个共同的信念——机场草坪有好吃的，那里可以填饱肚子。我们能做的，恐怕只有尽可能收集它们的情报，对于小白鹭的扩散趋势作出准确的预测。

蜘蛛开店

在《蜘蛛开店》的故事里，一只蜘蛛闲着无聊决定开一家纺织店，许多动物前来购买商品。现实中的蜘蛛是真的会“开店”，不过开的是“黑店”，顾客光顾后往往是有去无回。

有一种蜘蛛名为“黑寡妇”，一直以凶狠残忍闻名于世。它含有剧毒，黑寡妇蜘蛛的毒液会促进神经递质乙酰胆碱的释放，从而导致强烈的肌肉痉挛，被它咬上一口会有致死的危险。黑寡妇蜘蛛平日里张网“开店”，一些前来的小虫都会成为它的腹中餐。可怕的是，它竟然连同伴也不放过。黑寡妇蜘蛛在交配之后，雌蜘蛛往往会杀死并吃掉雄蜘蛛。

动物小档案

- 学名：黑寡妇
- 门：节肢动物门
- 纲：蛛形纲
- 目：蜘蛛目
- 科：球蛛科
- 属：寇蛛属

▼ 黑寡妇蜘蛛

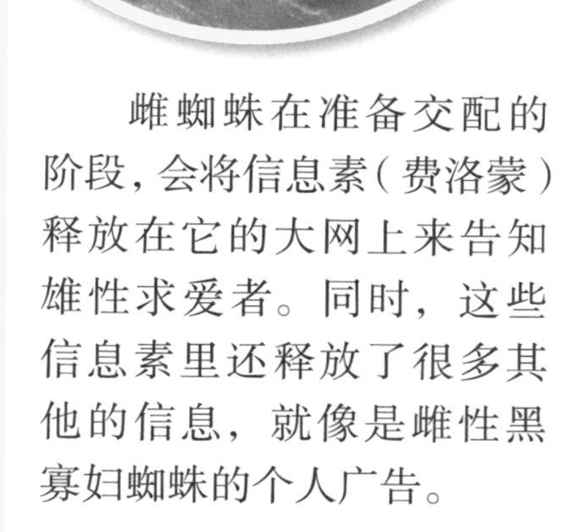

雌蜘蛛在准备交配的阶段，会将信息素（费洛蒙）释放在它的大网上来告知雄性求爱者。同时，这些信息素里还释放了很多其他的信息，就像是雌性黑寡妇蜘蛛的个人广告。

◀雌蜘蛛在交配之后会吃掉雄蜘蛛，“黑寡妇”由此得名

雄蜘蛛知道，交配这件事可是要用自己的小命来换的，因此总是小心再小心。为此，求偶期间，雄蜘蛛靠近雌蜘蛛时会有特殊腹部振动，而这振动的振幅有别于蜘蛛猎物的振动，从而让雌蜘蛛明白，它们是来求偶的蜘蛛而非猎物，此举也是雄蜘蛛自保之道。

即便如此，雄蜘蛛依旧非常危险。

在蜘蛛界，交配的竞争十分激烈，典型的“一雌多雄”制让雄蜘蛛们一直处于寻觅状态，一旦有“可交配”的信息释放出来，雄蜘蛛会蜂拥而至。在雌蜘蛛的网上，一晚上会有多达 40 个求婚者前来。如何才能在 40 多个竞争者中保持胜利呢？雄蜘蛛的做法是“断网”！雄蜘蛛会摧毁雌蜘蛛的网，从而减少雌蜘蛛对其他雄蜘蛛的吸引。

蜜蜂的秘密

我们在书中常常读到小蜜蜂的故事，它们是“勤劳”的代名词，从早到晚，每天都在忙碌着。蜜蜂虽然常见，但却很神秘，你了解它们多少？

动物小档案

- **学名：蜜蜂（总科）**
- **门：节肢动物门**
- **纲：昆虫纲**
- **目：膜翅目**

工蜂们围绕着蜂王

蜜蜂的神秘组织

蜜蜂拥有一个神秘的组织，一个蜂群成员大致分为蜂后、雄蜂、工蜂。它们各司其职，有组织、有纪律。在蜂群中，蜂后的地位最高，它的主要任务是生育，每天可产2000粒卵。蜂群只有在每年的固定时期内才培育少数雄蜂，它们的存在只是为了和蜂后交配，除此以外不做任何事情。蜂群中数量最多的是工蜂，它们也是雌性，可是卵巢发育不健全，不能进行交配。工蜂的工作最辛苦，蜂巢内外的全部工作如筑巢、喂幼、清扫卫生、培育蜂后和雄蜂、保护蜂巢，以及采集花粉和花蜜，都由它们完成。

在这个群体中，每只工蜂都为了集体的利益而竭尽全力地工作，必要时还会献出自己的生命。当春天花朵盛开的时候，工蜂便开始采集花粉和花蜜，并培育越来越多的新蜂，此时喂养的幼蜂数量多达30000只，几乎占全部蜂室的三分之一。

到了春末时节，由于蜂群发展得太大而开始分群。为此，工蜂首先要建筑特殊的“王室”，它的室口向下悬挂在蜂房的底部。王室的数量大约是一二十个，从王室中孵化出来的幼虫在整个发育阶段都喂给王浆。而其他蜂房的幼虫仅仅在前三天喂养王浆，之后喂蜂蜜。它们之间的地位从生下来就已经确定。喂养王浆的幼虫日后会发育成为新的蜂后。当新的蜂后开始化蛹并将蜂室封闭的时候，老蜂后和大约一半的工蜂就会飞离蜂巢，暂时在附近的树枝上聚集成团。此后的数天内，工蜂们便从附近寻找一个尚未被利用的洞穴，之后筑巢，迎接蜂后。这便是工蜂一生的使命，周而复始，直到生命的尽头。

"0 俱乐部"的成员们

动物界的"数学天才"

蜜蜂是动物界的"数学天才"，它们懂得"0"这个概念。从 0 到 1 的突破，其难度远远大于从 1 到多。在认识上，0 意味着没有，是非常难以理解的概念，自然界中只有少数几种高等级动物才可以理解，比如黑猩猩、猕猴和非洲灰鹦鹉。科学家最近发现，蜜蜂也懂得"0"的存在。

科学家之前已知蜜蜂具有一定的数字能力，例如能够数到 4 个数，这在跟踪其环境中的地标时可以派上用场。为了观察蜜蜂的数字能力是否扩展到了解 0，研究人员培训了 10 只蜜蜂来识别两个数字中较小的一个。在实验中，他们向蜜蜂展示了两张不同的图片，在白色背景上显示了几个黑色的形状。如果蜜蜂飞到黑色形状数量较少的图片上，它们会得到可口的糖水；但如果它们飞向黑色形状数量较多的图片上，则会受到苦味奎宁的惩罚。另外一组实验正好反过来，蜜蜂如果选择数量多的会得到奖励，选择数量少的会受到惩罚。

结果发现蜜蜂理解并总是会飞向黑色形状少的图片（另一组飞向多的），这是一个令人印象深刻的"壮举"。然后，研究人员向蜜蜂呈现另两张图片：这一次，一张图片上没有任何东西，另一张拥有一个或更多的形状。尽管蜜蜂以前从未见过一张空白的图片，却有 64%的蜜蜂选择了空白图片，而不是包含两种或三种形状的图片。这表明蜜蜂知道

0少于2和3。反过来，另一组蜜蜂先前选择较大数字，在这个测试中也大多选择了非空白图片。

在进一步的实验中，研究人员发现，蜜蜂对“0”的理解比人们想象得更加复杂。例如，蜜蜂能够区分1和0，这种能力对于黑猩猩等“0俱乐部”的成员们来说，都是一个挑战。像这样的高级数字能力，可以给动物带来进化优势，帮助它们追踪捕食者、寻找食物来源。

黄蜂

农药使蜜蜂变哑

提到蜜蜂或者黄蜂，你可能会觉得它们总是在花丛中漫无目的地采蜜，这可就低估它们了，蜜蜂和黄蜂拥有令人难以置信的“大脑”。实际上，蜜蜂的工作非常具有挑战性，为了有效地发现和收集食物以带回蜂巢，工蜂必须迅速学会识别并记住最有效的觅食途径。更有挑战性的是，觅食线路会随季节和其他因素的改变而变化。蜜蜂甚至可以记得它们最近采过的花，所以它们不会浪费时间再去重复采蜜。能够准确记住觅食路线，说明蜜蜂是具备良好的记忆力和学习能力的。

黄蜂蜂巢

不过，科学家分析了 23 份关于蜜蜂和大黄蜂的研究报告，发现目前人类使用的农药正对它们的种群造成危害。

许多实验室使用“长鼻延伸试验”观察到了蜜蜂的反应。当一只蜜蜂接近含糖而美味的花蜜时，它会伸出舌。（蜜蜂的口器既能采花粉，又能吸吮花蜜。下唇延长，和下颚、舌组成细长的小管，中间有一条长槽，有助于吸吮。把这小管伸入花朵中，便可源源不断地吸取蜜汁。）接着，研究人员将蜜蜂暴露在杀虫剂中，然后观察它们在接近花粉时所做的事情，看看是否还会将舌伸出来。结果，蜜蜂表现得非常呆滞。研究人员推测，这些杀虫剂会对蜜蜂的记忆和学习行为产生负面影响。

虽然目前国际上一些国家在法律上规定不得使用可以直接杀死蜜蜂的农药杀虫剂，可即便是这些农药，也会间接影响到蜜蜂的生存。

如果没有了蜜蜂，对人类意味什么？

几乎所有的访花蜂都参与植物授粉。在中国，大约有 75% 的植物需要蜜蜂来搬运花粉。我们吃的食物，比如果实和种子，有 1/3 都需要蜜蜂授粉才能生长。爱因斯坦曾预言：“如果蜜蜂从地球上消失，人类将只能再存活 4 年。”虽然这样的推断并不一定准确，但可以肯定的是，蜜蜂的消失，将会给人类造成不可忽视的恶劣影响，我们人类需要做的是尽最大努力保护好蜜蜂的生存空间。

寻找野骆驼

课文《找骆驼》中，商人丢失了一头骆驼，在老人的帮助下，顺着骆驼的脚印找到了骆驼。作为沙漠之舟的骆驼，最初是由野骆驼驯化而来的，我们如今到哪里去找野骆驼呢？

动物小档案

- 学名：野骆驼
- 门：脊索动物门
- 纲：哺乳纲
- 目：偶蹄目
- 科：骆驼科
- 属：骆驼属

野骆驼是大型偶蹄类动物，体型高大，和家养的双峰驼十分相似。100多年前，人们认为野骆驼已经灭亡，直到20世纪五六十年代，科学家在新疆罗布泊重新发现了它们的踪迹。目前，野骆驼的种群数量不足1000头，其中，中国境内大约有600头，蒙古国大约有350头，可以说，野骆驼比大熊猫还要稀少。

野骆驼曾存在于世界上的很多地方，但至今仍在野外生存的仅存在于蒙古国西部的阿塔山和中国的西北地区。这些地区大多是大片的沙漠和戈壁。野骆驼的生存环境非常恶劣。我国阿尔金山北麓、罗布泊噶顺戈壁、塔克拉玛干沙漠及中蒙边境的阿尔泰戈壁滩，是野骆驼仅有的四大栖息地。

在人口稀少的古代，西起里海，东至河套地区，南到青藏高原北部，北至贝加尔湖，都有野骆驼分布。人类活动逐渐侵占了野骆驼的水源地，造成其水源地的污染和生态植被的破坏，野骆驼的分布区迅速缩小，野骆驼数量迅速减少。

目前，全球范围内，以保护野骆驼为主的自然保护区有三个，我国有两个，分别为新疆罗布泊野骆驼国家级自然保护区和甘肃安南坝野骆驼国家级自然保护区。其中，新疆罗布泊野骆驼国家级自然保护区是中国最大的沙漠类型自然保护区，也是世界上野双峰驼的模式标本产地和血统最纯的分布区。

2015 年，中国科学家和联合国环境规划署专家在经过多次深入考察后，公布了数字：目前在新疆罗布泊野骆驼国家级自然保护区内大约有 600 头野骆驼，比 1995 年增加了近 20%，占全球野骆驼总数的 60%。2016 年 4 月 22 日，新疆野骆驼保护协会会长王新艾证实，他们在罗布泊野骆驼保护区考察时，拍到了一群（25 头左右）嘴唇白色的野骆驼，这在全世界是首次发现。至于为何会出现这种情况，是新的物种，还是生病所致，还是环境改变造成的，仅凭照片无法作出判断。但有一点可以肯定：这是世界上第一次看到野骆驼有白色的嘴唇，而且种群较为庞大。

喜爱音乐的白鲸

《喜爱音乐的白鲸》为我们讲了一个有趣的故事。

一群白鲸为了追赶鱼群，游到了很远的地方，回程的路被冰层堵住，受困的白鲸绝望地叫了起来。人们开来破冰船，打算营救白鲸，结果白鲸很害怕眼前的“庞然大物”。就在此刻，一位船员提议，白鲸喜欢“唱歌”，可以放音乐把它们引出来。果然，船上响起音乐，在音乐的指引下，白鲸脱困了。

其实，白鲸遇到冰层，大多时候并不需要外界的帮助，它们有自己的破解绝招。它们是否能听懂人类演奏的音乐不得而知，但白鲸的确是动物界公认的“歌唱家”。

动物小档案

- 学名：白鲸
- 门：脊索动物门
- 纲：哺乳纲
- 目：鲸目
- 科：一角鲸科
- 属：白鲸属

成年白鲸的体长约为3.5~5.5米，雄性略大于雌性，体重可达1600千克。白鲸嘴很短，唇线相对宽阔，常带着一副“微笑”的表情。现实中，白鲸是群居性动物，一个白鲸群通常由一头雄鲸主导，成员包括同一年龄层的10~20只个体。它们主要生活在北纬50~80度间的海域，通常栖息于近岸浅海或河口附近。

顾名思义，白鲸拥有洁白的身体。不过，白鲸小的时候身体却是灰色的。白鲸刚出生时身体呈暗灰色，随着年龄的增长，皮肤越来越白。当白鲸长到5~10岁性成熟时，它们会完全变成白色。

▼白鲸

我们知道，白色的衣服不耐脏，那么白鲸的皮肤会不会也容易脏呢？在海洋中，白鲸的白色皮肤经常会被附在身上的硅藻染成硫磺色。白鲸的体色在它们生活的海洋环境中是一种保护色，可以避免被天敌和猎物发现。于是，身体染成硫磺色的白鲸，会想办法把身体弄干净。每当夏季来临，白鲸便会聚集到温暖的河口或浅滩“搓澡”，这些白鲸们利用湍急的水流和水流带起的沙石摩擦身体，褪去暗黄色的“旧皮”，换上一身“白装”。

▲小白鲸会越长越白

在海洋中，白鲸是出色的“歌唱家”，它们不仅可以发出多变的叫声，还能够模仿其他动物的声音，因而被人们称为“海金丝雀”。白鲸的歌唱和我们人类的唱歌可不一样，它们的“歌声”不是为了愉悦，而是为了彼此之间进行交流。白鲸是如何唱出声音的呢？

白鲸的发声得益于它头部高高隆起的包，这个包叫“额隆”，其中填满了丰富的脂肪组织。额隆是白鲸用于回声定位的重要器官，发声时还可以自由改变形状，可以将水中的声波聚集起来，具有敏锐的回声定位能力。在日常生活中，白鲸凭借回声定位进行导航、捕猎、躲避天敌。即便是在黑暗、浑浊的环境里，白鲸也能够精确定位远处的细小物体，判断它们的距离、速度、大小和形状。当它们在厚厚的冰层下游动时，也会运用这种能力寻找未冻结的冰面，及时找到换气孔，以免发生窒息。

虎鲸、北极熊都是白鲸的天敌，不过，对于白鲸来说，最可怕的还是人类。人类的商业捕鲸行为，给白鲸家族带来了重大灾难。

◀白鲸的“大额头”是很重要的器官

家燕的泥巢

“小燕子，穿花衣，年年春天来这里。”在动物界中，可以称为燕子的，有家燕、雨燕、金腰燕、楼燕等，其中我们最常见的当属家燕。过去，生活在北方农村的孩子可能有所体验，每年春季的时候，燕子从南方飞来，它们把巢建在屋檐底下，在此繁殖、哺育小燕子，等到秋季小燕子长大了，一块儿又飞到南方越冬。

动物小档案

- 学名：家燕
- 门：脊索动物门
- 纲：鸟纲
- 目：雀形目
- 科：燕科
- 属：燕属

家燕的巢多为杯状或瓶状，筑巢所使用的材料并非树枝，它的巢是由泥丸堆砌起来的。在巢的内侧，多以干草、羽毛等柔软物来铺垫。相比于以树枝为材料的巢，泥巢在房梁上更为稳固。构成泥巢的泥丸，如同人类房屋的一块块砖。倘若能够将树枝和泥丸结合起来，或许能够造出类似钢筋混凝土结构的牢固鸟巢。

▲家燕

让我们以家燕为例，看看这些泥巢是如何构建的。

家燕的巢址通常选择在屋檐、房栋下，一般情况下风吹不着、雨淋不着，阳光不能直射。选好巢址，就开工了，夫妻合作，到附近的水渠、河边等湿地啄来泥丸，精心堆砌，并辅以植物的根茎或麻线等物加固，和人类的茅草屋的构建极为相似。大约一周时间便可完工。完工的家燕巢内径为 8~12 厘米，外径为 12~18 厘米，巢深约 3 厘米。巢的形状取决于巢址，一侧靠在墙壁的巢大多呈半个碗状，而悬空巢和底部有着其他依托物的巢多数像一个泥碗。家燕的巢由于植物的根、茎较多，表面较为粗糙；而金腰燕的巢比较精致，像一个扁平的长颈泥瓶，贴在屋檐或其他建筑物的下面。

近年来，随着人们生活水平的提高、居住条件的改善，家燕的泥巢与室内雪白的墙壁和吊顶越来越不协调，人们对旧日的“邻居”越来越失去耐心。铝合金等新型材料门窗的出现终于将燕子挡在了外面，燕子只得在室外寻找新的巢址。也许它们对人类有着难以割舍的依恋，还是将巢筑在各种建筑物上。特别是家燕，

◀建在乡村房栋下的燕巢

对人类新环境形成了新的适应。如果墙上贴有瓷砖，它们就先从瓷砖的缝隙开始粘泥，立住后渐渐扩展；如果墙上刷有涂料，它们会先在表面比较粗糙处开始粘泥丸，有时候弄湿的涂料会连同泥丸一起脱落，露出水泥面，它们就再衔来泥丸，重新粘在原来的地方，直到把巢建好。

令人惊奇的是，有些家燕别具匠心，充分利用各种现代设施筑巢，有的将巢筑在防盗门的上框，有的筑在空调机的排水管上，有的筑在室外墙壁的电铃上……尽管家燕适应新环境的能力很强，但在人类面前还是弱者，生存得十分艰难。人们如果在自己安居的同时，能在屋檐下为它们留出一个遮风挡雨的地方，也是一种善举。

翠鸟的羽毛

翠鸟是一种常见的鸟类，我在各地都曾目睹过它们的身影。中国有三种翠鸟，分别为斑头翠鸟、蓝耳翠鸟和普通翠鸟，其中普通翠鸟最为常见。说起翠鸟，真是“鸟如其名”，它们通体羽毛青翠、光亮，浑圆小巧的身材像一块熠熠生辉的翡翠，令人过目难忘。头上以翠绿为底色，带着深蓝色的斑点，背部是天蓝色，翅膀和尾巴是靛蓝色，胸部和双颊是栗色，嘴和脚是红色，这些色彩让这种小鸟看上去十分艳丽。

动物小档案

- 学名：普通翠鸟
- 门：脊索动物门
- 纲：鸟纲
- 目：佛法僧目
- 科：翠鸟科
- 属：翠鸟属

普通翠鸟的平均体重只有23~36克，体长15~17厘米。别看它们身材娇小，可是却长着长长的喙，光喙的长度就占了体长的近一半。喙的颜色是区分翠鸟雌雄体的一个标准：雌鸟的喙漆黑一色，雄鸟的喙从喙尖向喙基部呈渐变的橙红色。

细细观察就会发现，翠鸟美丽的羽色还有着彩虹色的“反光效果”，背上、尾巴上的羽毛在光线照射下，会发出翠绿色的光芒。和大多数有荧光、电化颜色的动物（如闪蝶）不同，翠鸟羽毛那强烈的色彩不是来自于羽毛本身，而是羽毛特殊的结构折射光线的结果。

捕鱼是翠鸟的拿手好戏，它不像鱼鹰、白鹭那样只捕食靠近水面的鱼，也不像鸬鹚、鹈鹕等水鸟那样在水中潜泳觅食，普通翠鸟能深入水下三四十厘米的地方捕鱼，但它在水下只能待1秒钟左右。它捕鱼的法宝就是“眼疾、

普通翠鸟

翠鸟的超高速捕鱼法

嘴长、翅尖”。很多时候，一道蓝色“闪电”一闪而过，2 秒不到它就回到了岸边的柳枝上，嘴里叼着一条小鱼。翠鸟捕鱼速度之快往往令人难以置信，在其头部潜入水中的瞬间，水面上甚至都不会产生明显波纹。捕鱼之后，翠鸟“吃饭”也很有特点：先把鱼摔打晕，再将鱼头对准喉部，生吞下肚。

雄翠鸟给雌翠鸟喂鱼

普通翠鸟过着“一夫一妻”的生活，夫妻双方共同抚养后代。繁殖期，雄鸟捕捉到鱼之后，不会立即吃掉，而是飞到雌鸟附近。雄鸟衔鱼飞来时，雌鸟开始点头摇尾。雄鸟用力甩动鱼，直到鱼不挣扎，才飞到雌鸟身边，然后把鱼递到雌鸟口中。之后，雄鸟头、嘴笔直朝天不动，几分钟后飞走，雌鸟则吞食了“礼物”。

很多人误以为这是雄鸟在给雌鸟“献礼”，用鱼作为礼物追求自己的“意中人”，其实不是这样的。动物界中确实存在送“礼”的行为，专业的说法叫“求偶喂食”，指在一些鸟类和昆虫中，雄性在求偶时向雌性奉献一定的食物，供雌性在交配中食用或者用来向对方表明自己未来有能力喂养后代。

对于普通翠鸟来说，雄鸟给雌鸟献鱼的时候，说明人家早已是“夫妻”了。这是繁殖期雄鸟给雌鸟的“情饲”，即捕获食物送给雌鸟。“情饲”是动物行为上一个专有的名称，是指繁殖期雄鸟为雌鸟提供食物。雄鸟“情饲”的地点一般在求偶地点，也是交配地点。翠鸟每天需要吃下自身体重 60% 的食物才能活下来，而繁殖期，消耗的能量更大。因此，雄鸟照顾“老婆”，献上礼物就不奇怪了。

翠鸟的美为翠鸟招来了杀身之祸。

古时候，翠鸟的羽毛和宝石、丝绸、香料一样值钱。翠鸟的羽毛可以用作装饰品，非常漂亮。点翠工艺是中国一项传统的金银首饰制作工艺，汉代已有，用翠鸟的蓝色羽毛作为点缀，镶嵌在金银饰品上，从发夹、头饰，到扇子、屏风，都使用过这种精致的装饰工艺。翠鸟的背尾和双翼都长着亮蓝色且泛荧光的羽毛。在不同的光线下，可呈现出皎月、湖色、深藏蓝等不同色泽，光彩夺目，富于变化。点翠采用的翠鸟羽，左右翅膀上各需 10 根、尾部羽毛需 8 根，所以一只翠鸟身上一般要取至少 28 根羽毛。病死的翠鸟，其羽毛制不出好的首饰，因而为此捕杀翠鸟的行为是为人们默许的。

在清代，点翠一般都是宫廷之物；到了清末民初，点翠开始在民间流行，还掀起了一股潮流，许多人以拥有点翠饰品为荣，外国在华商人对点翠工艺也非常感兴趣，大量地收购，广东口岸更是点翠的中转站，不少点翠工场林立在广东一带。1933 年，中国最后的点翠工场关闭，原因是翠鸟的羽毛已经绝市，点翠遂被类似景泰蓝的烧蓝工艺所取代。

大量的捕猎，导致翠鸟一度濒临灭绝。如今，翠鸟已是国家保护动物，而点翠工艺也日渐式微。

翠鸟的蓝色羽毛长在翠鸟身上的时候，绚烂夺目，可镶嵌在首饰上的时候，我看到的却不是蓝色，而是一片血红。翠鸟的羽毛与象牙、犀角一样，本就不是人类生活所必需。我们今天能做到的，就是和身边的伙伴、家人一起抵制这些“商品”，不要让人类的贪婪给动物个体和生态平衡带来巨大灾难。

翠鸟的美不应成为其被杀戮的理由

小狮子爱尔莎

《小狮子爱尔莎》中，一只失去母亲的小狮子——爱尔莎被人类领养，这期间小狮子和人类建立了深厚的感情，最后爱尔莎重新回归大自然。

很多动物小说中的故事在现实中难以找到原型，而爱尔莎的故事在现实中是可能出现的。狮子虽然是凶残的猛兽，但也可以被人类驯服。人类捕捉到年幼的狮子后，把它养在家中，很快它就会融入人类生活，而且性情十分温顺，尤其是狮子幼崽，即使偶尔流露出残忍的本性，但很少攻击自己的主人，正如故事中的爱尔莎。

动物小档案

- 学名：狮子
- 门：脊索动物门
- 纲：哺乳纲
- 目：食肉目
- 科：猫科
- 属：豹属

由于狮子天性凶猛、野性十足、食欲旺盛，人类并不能够完全驯化它们的野性。因此，折磨狮子使之气恼，或者让它们承受饥饿的痛苦，对人类来说是十分危险的。它们受到虐待时不仅会愤怒不已，还会怀恨在心，伺机报复。人类若是善待它们，它们便会记住人类的善意。

在自然界中，狮子过着群居生活，狮群一般由 1~6 头雄狮、4~12 头雌狮和数量不等的幼狮组成。每个狮群规模在 15 头左右，也有些特大的狮群，可以达到 40 头。狮群是一雄多雌制度，在一个狮群中，雌狮们往往都有血缘关系，它们之间多是姐妹、母女，这是因为雌狮子可以长期留在狮群中，而雄狮子长大后要被赶出狮群，独自流浪。

狮子家族

每个狮群所占的领地大小不一，主要由地理环境、猎物多寡来决定的。一般来说，越是富饶的地方，狮群的领地越小；反之，越是贫瘠的地方，狮群的领地越大。在丰饶的非洲塞伦盖蒂草原，一个狮群的领地一般为65~184平方千米；而在贫瘠的卡拉哈里沙漠，狮群领地可超过2800平方千米。不同狮群的领地常有部分重叠，但只要不“入侵”邻居太过分，彼此之间还是能互相容忍的。

雄狮

现今，狮子主要生活在非洲草原，少部分生活在印度地区。然而，距今3万年前，狮子曾遍布非洲和亚欧大陆。在大自然中，狮子这种凶猛强大的动物站在食物链的顶端，能够猎食其他动物，除了人类外，几乎没有什么动物可以主动伤害它们。狮子的身型匀称、身体结实、肌肉发达，身上没有丝毫多余的脂肪和赘肉。它们精力充沛、强壮有力，是力量与灵活的结合体，可以控制肌肉做出许多动作。

不过，现实中狮子捕猎远远没有想象中的那么轻松，狮群的捕猎行为一般是由群体内的雌狮子合作完成的，它们的捕猎成功率大约在40%左右，这意味着10次捕猎中，有6次会失败。在抓捕猎物的过程中，狮子的牙齿和爪子成为制胜的法宝。狮子的牙齿锋利又坚固，能够轻易地咬断骨头，撕裂猎物的皮肉；它的爪子也非常尖锐，其威力仅次于牙齿。一般而言，一头狮子一天的食量大约是7.5千克生肉，饱餐一顿可以2~3天不用进食。但狮子无法忍受口渴，因为它的体温很高，需要时常补充水分，只要看到水源就会好好地喝一顿。狮子喝水的方式和狗很像，两者唯一的区别在于舌头的卷向，狗的舌头向上卷，而狮子的舌头向下卷。因此，狮子喝水会花费更长的时间，还会浪费很多水。

狮吼 ▶

武侠小说中，“狮吼功”威力无比，现实中狮子的吼叫也是名震草原。在夜晚的草原上，狮子的吼声如雷鸣般响彻云霄。狮子可以吼出高达 114 分贝的声音，平均每天要吼叫 4~5 次，下雨的时候则更加频繁。狮子为何能发出吼叫呢？多数物种伸到气道的声带形状为三角形，而生物学家和语音专家发现狮子的声带像正方形，这个形状让组织更容易对通过的空气作出反应，可以用更少的肺部压来吼出更大的声音。

雄狮子对待非亲生幼崽的行为非常残忍，雄狮子经常会对年幼的狮子大开杀戒。其实，这是雄狮子的繁衍策略，狮群中发生“狮王更替”时，新的首领雄狮会通过杀死幼崽，来缩短雌狮子的哺乳期，从而增加自己与雌狮子交配产生后代的机会。

在狮群中处于首领地位的雄狮子，会不断受到其他雄性的挑战，它们需要在被击败前抓紧时间，利用优势地位产生后代。它们常常会杀死上一任首领雄狮的幼崽，从而使得这些幼崽的生母迅速进入新的发情期，借而迅速地产下自己的后代。

蛟龙是为何物

西晋有个叫周处的人，年轻的时候恣意妄为，祸害乡里，后来改过自新，帮助乡邻杀猛虎、除蛟龙，留下“周处除三害”的传说。“三害”中的老虎为自然界真实存在的动物，可是蛟龙又是什么动物呢？

传言，鱼五百年化成蛟，蛟修炼一千年，便会成为“走蛟”，即沿江入海化龙。那么，蛟龙现实中是否存在呢？

我们不妨先看看古人的记录：

许慎《说文解字·卷十三》云：“蛟，龙之属也。池鱼满三千六百，蛟来为之长，能率鱼飞，置笱水中即蛟去。”这里没有多少真实的信息，多是虚构的，唯一可信的是，蛟生活在水里，周围有鱼。

三国时训诂学家张揖在《广雅·卷十》中说：“蛟状鱼身而蛇尾，皮有珠鼍，似蜥蜴而大身，有甲皮，可作鼓。”这里对蛟的外形有了描述：鱼身，蛇尾，似蜥蜴。

看到这里，你的脑海中是不是有候选动物了？

同样描述蛟为“鱼身蛇尾”的，还有以下文字：

先秦时期，《山海经》中对“虎蛟”的解释是：“其中有虎蛟，其状鱼身而蛇尾，其音如鸳鸯，食者不肿，可以已痔。”

唐代经学大师颜师古在《汉书注·卷五七》中给出了一个更为详细的描述：“其状云似蛇，而四脚细颈，颈有白婴，大者数围，卵生子如一二斛瓮，能吞人也。”

宋代文人彭乘在《墨客挥犀》写到：“蛟之状如蛇，其首如虎，长者数丈。多居溪潭石穴，声如牛鸣。岸行或溪行者，时遭其害。见人先腥涎绕之，即于腰下吮其血，血尽乃止。”

中国的传统文化中，写意重于写实，加之古人认识世界的手段有限，因此古人所写的文字，夸张成分在所难免。我们不妨去伪存真，从典籍中的描述里提炼出几个关键词作为共同的特征：蛇状、鱼身、有脚、近水、凶猛、可食，再对比一下现存的动物，按照科学的考证方式和现代动物学的分类方法，可以得出这样的结论：蛟龙是不存在的。

但若不太较真，我们可以找到与之最为接近的动物“原型”，那便是鳄鱼。

▲扬子鳄

提到鳄鱼就不能不说中国特有的扬子鳄。

最早，人们根据其形态命名为“鼍”（tuó），“鼍”是一个象形字。元明时期，人们称其为“猪婆龙”，并入“龙”类。现在扬子鳄产区的当地人还习惯称扬子鳄为“土龙”。

扬子鳄是恐龙的近亲，从白垩纪演化生存至今，鳄类闯过地球的无数劫难，历经几次物种大灭绝，得以幸存。目前，扬子鳄仅在中国发现，是世界上现存的23种鳄鱼中最濒危的种类。早在2000年就被《世界自然保护联盟濒危物种红色名录》列为“极危”级，相比之下，当时大熊猫仅被列为“濒危”级（现在大熊猫为“易危”级）。

扬子鳄是水陆两栖型爬行动物，尽管它们平时在陆地上爬行时，腹部拖地，极为笨拙，但捕食时动作极其迅猛、果断。它们的食物也非常丰富，包括鼠、兔、鸭、鱼、鳖、螺、蚌、蛙、部分节肢动物等。同时，扬子鳄的胃部消化能力很强，耐饥性也较强，半年以上不吃食物也不会饿死。蛰伏时深居洞穴，双目紧闭，趴伏不动，这些较强的适应能力使扬子鳄曾经分布较广。

扬子鳄被称为“土龙”，古人把扬子鳄响亮的叫声与风雨的来临联系在一起，认为风雨雷电与它密切相关。再加上扬子鳄相貌狰狞、行踪诡秘，使人心生敬畏，扬子鳄在古人心目中就逐渐演变成了能够呼风唤雨的神灵——龙。

▼扬子鳄的外形与“龙”有许多相似之处

其实，扬子鳄的吼叫与其繁殖行为关系紧密，吼叫的主要目的是吸引异性，同时有保护领地的功能。扬子鳄在每年的4月开始吼叫，11月停止吼叫，其中6月扬子鳄吼叫最为频繁，在下雨时吼叫发生频率最高。一般扬子鳄会发出类似“哄”的单调吼叫声，每声持续的时间短，但传播的距离远，这种吼叫声是由于扬子鳄无声带，其肺内空气被有力压缩冲出鼻道时，外鼻孔突然开启而产生的。

历史上扬子鳄的分布范围要比现在大得多，东起上海和浙江余姚，西北达新疆准噶尔盆地南缘的呼图壁，南至海南儋州。扬子鳄现今的分布范围大大缩小，仅限于江苏、浙江、安徽等部分地区。

扬子鳄的濒危原因可以归结为四个字：天灾人祸。

先说天灾。扬子鳄作为一种外温动物，对于气候变化非常敏感。它的生活习性与环境温度之间存在紧密关系，每年 10 月下旬至次年 4 月底处于冬眠期，5 月下旬至 9 月下旬处于繁殖期。根据地理学家文焕然先生的考证：我国近 8000 年来冬半年气候变迁呈现阶段性由暖转冷趋势，这与扬子鳄的分布北界不断南移是吻合的。

◀ 扬子鳄的表皮

再说人祸。考古已发现7000年前先民食用扬子鳄的遗弃物，翻阅《礼记》《本草图经》《埤雅》《本草纲目》等文献发现，有“羞（馐）物”“合药鼍鱼甲”“鼍身具有十二生肖肉”“南人嫁娶，必得食之”等文字，反映了人们捕食扬子鳄的久远历史。山西襄汾龙山文化遗址及安阳殷墟遗址等地有多件鳄鱼皮鼓出土，说明4300年前，先民已知晓取食鳄肉之余用其皮革蒙鼓的方法。南宋开垦荒地和围湖造田规模空前，引起连锁反应，加速了天然植被的破坏，严重危害了扬子鳄的生存环境。明代初期，朱元璋甚至荒唐地将扬子鳄（猪婆龙）与自己的姓氏联系起来，认为辱没了他而下令剿灭，这更使江浙一带，尤其是南京地区的扬子鳄惨遭灭顶之灾。明清之后，随着人口直线上升，对扬子鳄种群的破坏更加严重。

王小明教授研究发现，到了近现代，扬子鳄种群的致危因素主要是栖息地破坏、人为捕杀、环境污染、自然灾害、繁殖力低等。如20世纪50—80年代，由于开垦农田等生产活动，使扬子鳄栖息地面积大幅度减少。据统计，在这30年间，扬子鳄栖息地面积减少了四分之三以上。1958年前后，部分地区进行大规模消灭血吸虫运动，在沟、塘边大量使用五氯酚钠消灭钉螺，也使得扬子鳄食物缺乏甚至被毒死，在分布区域内数量明显减少。

扬子鳄历经地球世代更迭，千锤百炼而存活下来，它们本不该如此快地濒临灭绝。而人类的贪婪、自私使得它们流离失所，人类不该反思吗？

白鹅的祖先是鸿雁

丰子恺笔下的白鹅傲气十足，只要有生客来，它就引吭大叫，不亚于狗的狂吠。其实，并不是白鹅高傲，而是它们的领地意识很强。它把整个家都当成了自己的领地，一旦有“外敌”入侵，它会立即发出警戒的叫声，并试图进行驱赶。鹅的这一习性曾经被用来看家护院，相传它曾经协助罗马人战胜了高卢人。

公元 390 年，高卢人从现在的法国一带出发，一路南下至亚平宁半岛，沿途伊特鲁里亚（亚平宁半岛的中部城邦国家）的各个城邦尽数落入高卢人的手中。高卢战士的勇猛善战也传到了罗马人的耳中。当高卢人进攻罗马的时候，罗马士兵被打得丢盔弃甲，弃城而逃，只有一小部分兵力退守内城卡皮托利。卡皮托利建造在陡峭的悬崖上，一面城门三面峭壁，易守难攻。高卢人见正面难以取胜，于是在深夜悄悄顺崖壁向上攀爬，试图出其不意、攻其不备。罗马士兵的确不曾想到高卢人会从悬崖上进城。眼看高卢人就要得手，寂静的夜空突然响起一阵阵“嘎嘎”的声音。原来，高卢人惊起了罗马人献给神庙的家鹅，家鹅的叫声瞬间惊醒了正在睡觉的罗马士兵，他们立即从睡梦中醒来，借助地理优势，成功击退了妄图偷袭的高卢大军。从此，家鹅在罗马名声大振，被封为“圣物”。

动物小档案

- 学名：鹅
- 门：脊索动物门
- 纲：鸟纲
- 目：雁形目
- 科：鸭科
- 属：雁属

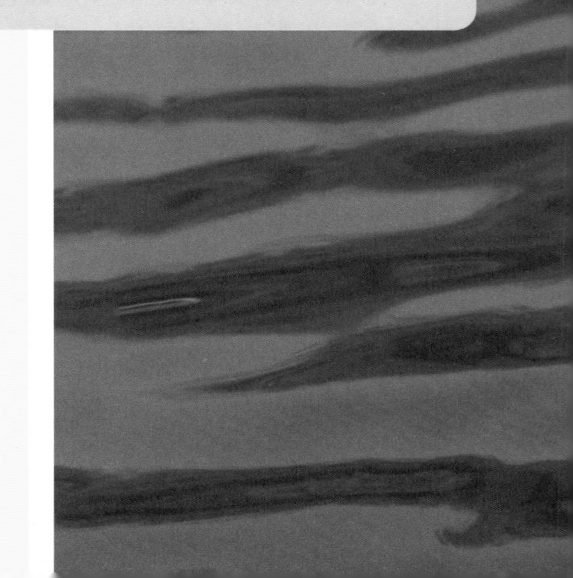

家鹅的习性其实是沿袭了其祖先的特征。家鹅是由两种野雁驯化而来的，其中，中国家鹅是由鸿雁驯化而来的，欧洲家鹅由灰雁驯化而来的。鸿雁属于大型游禽，目前是国家二级保护野生动物。仅从外表上看，鸿雁和家鹅还是有很大区别的，尤其是羽色上。常见的家鹅是白色的，而鸿雁几乎没有白色的，家鹅可以说是人工选择的产物。当然，有少部分家鹅保留了鸿雁的原始色。原始色型的家鹅和鸿雁，乍一看有些不好区分。不过，它们还是有区别的，家鹅喙接近额头的部分有一块瘤状突起，被称为“鼻瘤”，而鸿雁没有。还有从行为上也可以看出二者的区别，由于鸿雁平日里生活在远离人类的地方，它们一般比较怕人，而家鹅生活在人类的环境中，它们自然不怕人。

▼鸿雁

▼鹅

▼鹅

在中国古代，鸿雁被当成信使，这来源于《汉书·苏武传》，苏武出使匈奴，被单于流放北海放羊，十年后，汉朝与匈奴和亲，但单于仍不让苏武回汉，还谎称苏武已死。与苏武一起出使匈奴的常惠，把苏武的情况密告汉使。汉使对单于说，汉朝皇帝打猎射得一雁，雁足上绑有书信，信中说苏武在某个沼泽地带牧羊，既然已经和亲，单于不应欺瞒大汉。单于大为震惊，再也无法抵赖，便释放了苏武。这便是鸿雁传书的故事。

鸿雁是一种候鸟，夏季的时候鸿雁在蒙古国的西部和中部地区、中国东北地区繁殖，冬季到中国黄海和东海沿岸及长江中下游地区越冬。鸿雁主要栖息于开阔平原上的湖泊、水塘、河流、沼泽及其附近区域，有时亦出现在山地平原和河谷地区。

让流浪猫不再流浪

曾几何时，饲养宠物猫是皇室贵族的专利，而如今“旧时王谢堂前燕，飞入寻常百姓家”，许多人家中都养起了猫。与此同时，我们身边的流浪猫也渐渐多了起来。在大街小巷、校园、公园，几乎都可觅得流浪猫的踪迹。对于人类的生活环境来说，流浪猫的增多，带来了一系列问题，甚至成为“猫害”。很多人不理解，尤其是那些爱猫人士，觉得可爱的猫咪怎么会成为“害”，这还要从家养猫说起。

猫害的产生主要来自街头的流浪猫，普通人家饲养的宠物猫只要管理得当，是不会为害的。说起来，这些流浪猫的命运很惨，它们一部分是被主人遗弃，流落街头的；另一部分是自己“离家出走”的。根据美国防止虐待动物协会（ASPCA）调查显示，流浪猫被遗弃，有46%是由于其生病、噪音、卫生等原因造成的，其次是人类家庭原因（27%）和住所变更（18%）。

同为猫，流浪猫与家猫是有很大区别的。具体表现为：①家猫受到主人保护，可以接种疫苗，一定程度上免于疾病威胁，对人类危害小；②家猫由主人提供食物，活动场所受到限制，对于野生动物的威胁比流浪猫小得多。而家猫一旦成为流浪猫，它们只能恢复野生习性，如果不加以约束，就会成为人类社会的不安定因素。

流浪猫群体正在壮大

自古以来，“物以稀为贵”，数量多了就会出现问题，比如人口过多会带来种种问题。同样，猫过多也不是好事。猫具有超强的繁殖能力，这为流浪猫的扩张提供了先决条件。猫的妊娠期一般为2个月，哺乳期也是2个月，且猫一年可以繁殖2~3胎，每胎一般产崽2~6只。猫咪成长到7~8个月性成熟，生命周期可达10~15年。对于这些数字，一般人可能没有概念，举个例子，你就知道这些数字有多可怕了。一对猫咪及其后代7年间可以繁衍20~40万只，100对猫就是2000~4000万只，堪比北京市的人口数量了。当然，这仅仅是理论上的估测，现实中，并没有出现遍地是猫的场景。实际情况是，由于疾病、食物限制、非法捕杀等原因，流浪猫的寿命多在3~5岁，很少超过10岁。但是，由于中国流浪猫的基数庞大，仅北京保守估计就有15~20万只，加上猫咪恐怖的繁殖能力，中国流浪猫问题依旧严峻！

城市中常能见到成群幼猫

流浪猫大军的危害

（一）流浪猫是本地生物多样性的灾难

人类眼中“萌萌”哒的猫咪，对于一些弱小动物而言，那就是凶残可怕的“大老虎”。就捕猎能力而言，猫比它野外的亲戚如狮子、老虎、豹子有过之而无不及。猫的身体非常灵活，跳跃高度可达自身身高的5倍，借助爪子的肉垫以及身体的协调能力，可以从十几米的高空落下而毫发无损。捕猎的时候，猫会用耳朵定位猎物，瞳孔收缩，同时摆动臀部，预热肌肉，然后悄无声息地扑向猎物。相比之下，流浪猫的捕猎能力远远超过流浪狗。

流浪猫的捕猎能力超群

美国科学家在2003年曾对流浪猫对生态系统的危害进行了详细的研究和调查。结果显示：流浪猫的食谱包括25%左右的鸟类和60%左右的哺乳类动物。在美国，流浪猫每年捕杀14~37亿只鸟类、69~207亿只哺乳类动物。猫科动物有猎杀的习性，相比于人类提供的食物，它们更倾向于获取野味。流浪猫的捕猎能力大概是宠物猫的4倍。流浪猫捕食的猎物多在200克以下，给许多鸟类和小型哺乳类动物带来了灭顶之灾。美国鸟类协会的统计认定，猫是鸟类的“第二号杀手”，其危害程度仅次于“栖息地破坏”。流浪猫数量庞大，会严重破坏当地生物多样性，尤其是鸟类多样性。

流浪猫强悍的捕猎能力已经对生物多样性造成了严重的破坏，并且这种破坏不可逆转。以澳大利亚为例，18世纪末，欧洲人到达澳大利亚的时候，随之而来的猫咪由于没有天敌制约，很快在澳大利亚兴风作浪。在此后短短100年的时间内，大耳窜鼠、短尾窜鼠、白足兔鼠、宽脸长鼻袋狸等多个物种相继灭绝。在过去500年间，美国史密森尼候鸟研究中心的研究结果表明，流浪猫直接或间接造成了63个物种灭绝，有33个物种的灭绝与猫的捕猎有关。在英国，估计有900万只猫，其中800万只宠物猫每年就至少捕杀2.75亿只动物，剩下的100万只流浪猫的捕杀量恐怕还要大于此数。

（二）流浪猫对人类的直接危害

如果说流浪猫威胁本地生物多样性，只是间接影响人类的生存和发展，那么，其传播疾病这一条可以说是直接威胁人类生命安全了。流浪猫身上携带大量细菌和病毒，更严重的是，它们多数没有接种过疫苗。

1. 狂犬病

流浪猫对于人类的最大威胁莫过于其可能传播狂犬病，这是致死率极高的人畜共患病之一。美国 2000 年在家养动物里发现的 509 例狂犬病中，猫占 249 例。在中国，狂犬病的病亡率达到了 100%，平均每年就有 2000 多个死亡病例。广东省中山市的一份统计报告就指出，该市由流浪猫引发的狂犬病例占到了全部病例的 4.2%。虽然比例不如美国高，但猫已成为中国狂犬病的第二大疫源和传播宿主。

2. 弓形虫病

弓形虫病是一种人畜共患的寄生虫病，对人类健康危害较大。弓形虫病可以通过猫排泄物进行传播。猫有埋藏粪便的习性，它们埋藏粪便的时候，习惯用嘴巴舔爪子，因而容易携带粪便中的虫卵。人类与猫亲密接触，一旦感染，常引起淋巴结炎、心肌炎、肝炎、肾炎、支气管炎等。孕妇感染则更加严重，弓形虫会由孕妇的伤口通过胎盘导致胎儿感染，继而发生早产、流产、死胎或畸胎。

3. 猫癣

猫癣是一种由真菌引起的常见皮肤病，可以通过猫传播给人类。猫癣病原体主要为孢子菌，人类直接接触和间接接触都可能会被感染。人类一旦感染猫癣，轻度会感觉皮肤瘙痒、出现红疹，重度会出现脱发和皮肤大面积病变。

4. 猫抓热

引起猫抓病的病原体叫作巴尔通体，约三分之一的流浪猫血液中带有这种病原体。一旦被流浪猫抓咬，极易感染此病。患者一周内在被抓咬处局部会出现非化脓性炎症，并伴有低热、头疼、寒战、全身乏力、不适、厌食和呕吐等症状。

此外，猫身上还携带立克次氏体、巴氏杆菌等病原体，容易给人类的健康带来危害。

当然，在带来危害的同时，猫也能给人类带来诸多的好处，诸如控制老鼠数量、给人类带来安慰和陪伴等。美国宾夕法尼亚大学动物与社会研究中心的研究人员，曾在费城等几个大城市做过调查，有猫陪伴更利于病人的康复。猫外表的可爱以及与人类的互动，使其有着很好的心灵“治愈”能力，关键是不要让家养的猫咪成为流浪猫。

如何对待流浪猫

目前国际上对待流浪猫的主要措施是TNR（Trap、Neuter、Release），也就是“捕捉、绝育、释放”，当然，领养也是一个好的方式。比较激进的方式是捕杀，澳大利亚政府就曾捕捉了200只流浪猫，并对其实施了安乐死。

北美一些国家和地区的动物保护组织

▲既然养了猫咪就要好好对待

针对流浪猫问题给出了具体建议：

1）居民养猫要获取法律许可；

2）严格将猫限制在自己居所范围内，不给其野外逃逸的机会；

3）对猫进行绝育；

4）给猫佩戴项圈和响亮的铃铛，并为猫提供玩具。

流浪猫本质上是人类不负责的产物，“解铃还须系铃人”，解决流浪猫的猫害问题，还需要人类承担起责任！既然爱猫，就不要让你的猫咪无家可归！

母鸡的秩序

老舍先生在《母鸡》一文中有这样的描述："更可恶的是遇到另一只母鸡的时候，它（母鸡）会下毒手，趁其不备，狠狠地咬一口，咬下一撮毛儿来。"

▲ 母鸡

动物小档案

- 学名：鸡
- 门：脊索动物门
- 纲：鸟纲
- 目：鸡形目
- 科：雉科
- 属：原鸡属

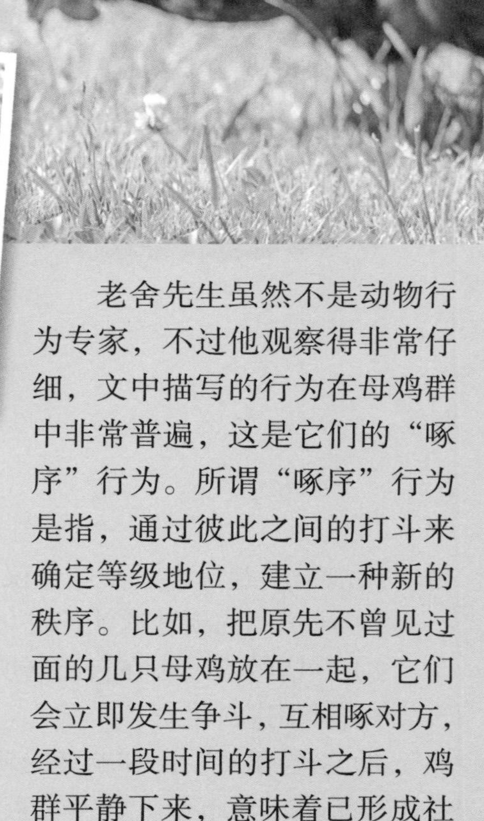

老舍先生虽然不是动物行为专家，不过他观察得非常仔细，文中描写的行为在母鸡群中非常普遍，这是它们的"啄序"行为。所谓"啄序"行为是指，通过彼此之间的打斗来确定等级地位，建立一种新的秩序。比如，把原先不曾见过面的几只母鸡放在一起，它们会立即发生争斗，互相啄对方，经过一段时间的打斗之后，鸡群平静下来，意味着已形成社会等级，社会等级高的母鸡拥有获得食物的优先权。早在 20

世纪20年代，人们就发现母鸡群里常常有“啄序”行为发生，经过“啄序”，“底层”的母鸡会很谦恭有礼地让其他等级高的母鸡先吃。

母鸡中为何会有啄序行为呢?

这主要是因为，在母鸡群体里，整天为食物而战斗不仅会消耗时间和能量，而且会受伤，长此以往，大家都得被自然选择淘汰掉。而通过“啄序”建立了社会秩序之后，大家就不用费时费力总去打架了。虽然，对于“底层”的母鸡不是好事，但是对于整个鸡群的发展无疑是有好处的。

有趣的是，母鸡的等级是可以继承的。母鸡的等级排序非常有意思，它们奉行长女优先的原则。我们姑且将鸡群中最高等级的母鸡称为帮主，帮主的后代还是帮主，帮主的大女儿享有第一优先权。然而，帮主的二女儿并不能享有第二优先权，副帮主的大女儿才可以享有第二优先权。

你真的认识麻雀吗？

俄国作家屠格涅夫笔下的麻雀，为了保护自己的幼崽，敢于以身犯险，和猎狗搏命。这种母爱精神令人动容。

麻雀是我们常见的鸟类，即便是不懂鸟的人，也认识麻雀，很少有人认错，可是也很少有人认得全。我们通常说的麻雀是雀形目雀科麻雀属的鸟类，它们是一类鸟，而不是一种鸟。事实上，麻雀家族在全球共有 26 个种，非洲现存的麻雀种类数最多，约占现存麻雀属的一半。在中国，麻雀属并不“兴旺”，仅有 5 个种，即树麻雀、家麻雀、黑顶麻雀、黑胸麻雀、山麻雀。即便只有 5 种麻雀，全部见过的人又有多少呢?

动物小档案

- 学名：麻雀（属）
- 门：脊索动物门
- 纲：鸟纲
- 目：雀形目
- 科：雀科

家麻雀在树上，树麻雀在家里

早在先秦时期就有关于麻雀的记载，《诗经·召南·行露》：“谁谓雀无角，何以穿我屋？”翻译成现代的语言就是：谁说麻雀没有角，它们是如何到我屋子里来的呢？《诗经》中描绘的景象，在现在的农村也依旧常见，麻雀常常进入人们的房屋里觅食。

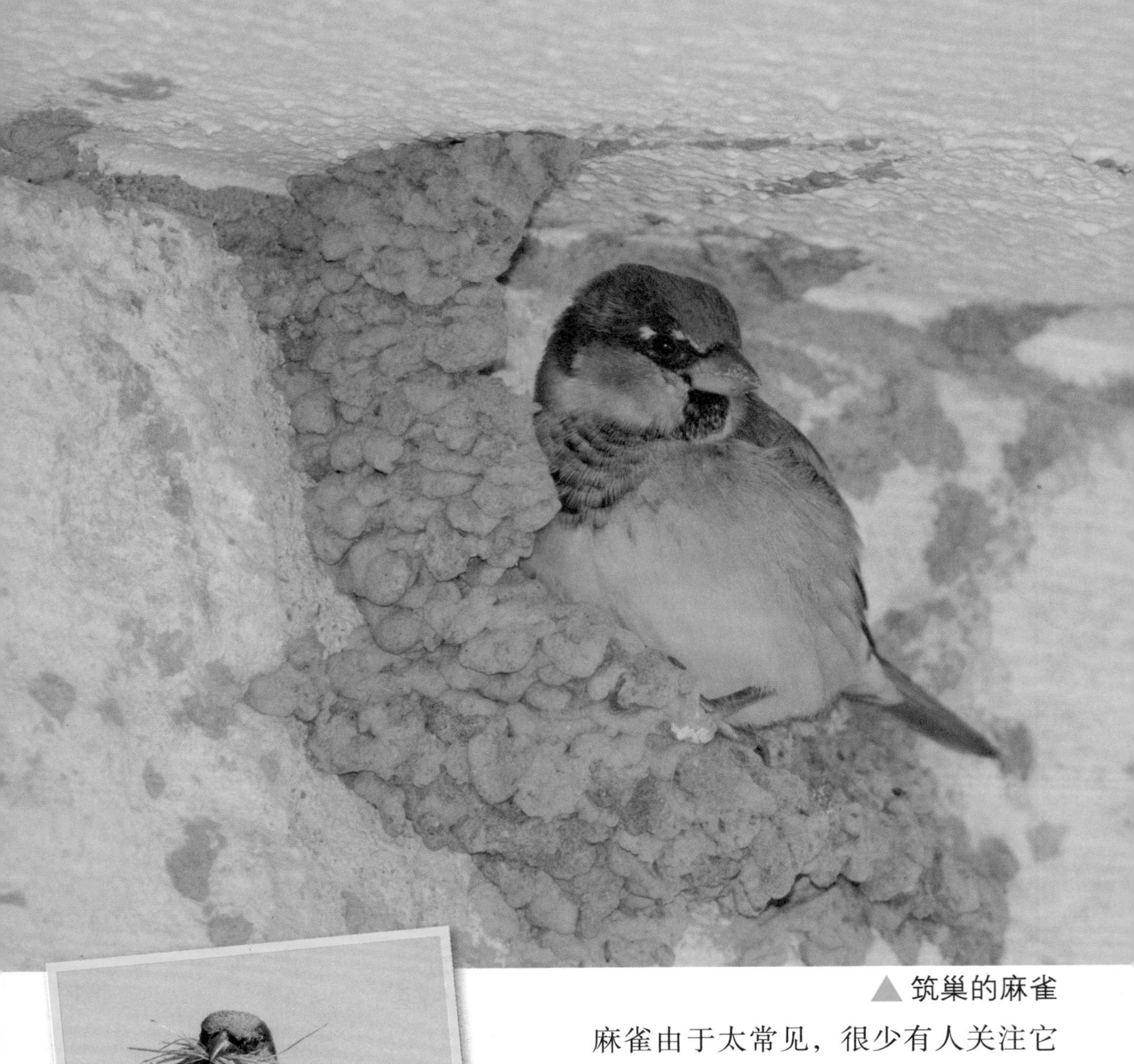

▲筑巢的麻雀

麻雀由于太常见，很少有人关注它们的种类，以为见到的麻雀都一个样。

《诗经》中提到的跑到人家屋子里觅食的，或在屋檐下筑巢的麻雀，很可能是树麻雀。说来也巧，树麻雀是我认识的第一种鸟。读硕士的时候，我来到新疆，跟着马老师在野外工作。在去阜康市的路上，马老师停下来，指着路边杨树上的几只麻雀问我："树上的是家麻雀还是树麻雀？"我突然一愣，心想，此麻雀站在路旁的树上，肯定是树麻雀了；而在家中活动的，应该是家麻雀，我们家的屋檐下就有它们的巢。

相信很多人和我一样，都对麻雀存在这样深深的误解。实际上，我们平时在房前屋后到处可见的麻雀是树麻雀，并且，生活在内陆地区的人，一般见不到家麻雀。为何会这样呢？

原来，“家麻雀”和“树麻雀”最早是由瑞典生物学家林奈在 1758 年进行描述区分的。当时被叫作“家麻雀”的是一种在欧洲常见的鸟类，喜欢在城市的工厂、仓库和动物园里筑巢；而被叫作“树麻雀”的则是欧洲乡间树上常见的鸟类。

也就是说，在欧洲，家麻雀一般住在城市，树麻雀通常住在乡间。但是，到了其他地区就不是如此了。比如，在蒙古国，因为树木不多，这两种鸟类都寄居于人类建筑中；在澳大利亚，树麻雀是城市里的常住居民，而家麻雀只出现在乡间；在中亚和南亚，无论城市还是乡间都能见到这两种鸟的身影。

在东亚地区，如我国，树麻雀一般住在城市里，而家麻雀住在野外的树上。只要在有人类聚居的地方，无论山地、平原、丘陵、草原、沼泽，就能见到树麻雀，甚至高原地区也多有分布；家麻雀把巢建在树上，在我国，仅在新疆和内蒙古有所分布。

家麻雀和树麻雀的雄鸟比较容易区分，主要看头顶的颜色。二者最明显的差异，在于家麻雀雄鸟头顶是灰色的，而树麻雀是红色的。树麻雀最大的特点是“小黑脸”，耳部有黑斑，位于眼睛的侧下方。雌鸟的区分就比较困难了，雌性的家麻雀和树麻雀都比较“低调”，没有明显的辨别特征。

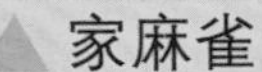

家麻雀

树麻雀

黑胸麻雀

黑胸麻雀

一次野外科考时，我去吐鲁番的路上，曾在一群树麻雀中，看到两只略有不同的，它们胸前像戴了条黑围巾。细看发现，是一雄一雌，雄鸟头顶及颈背栗色，脸颊白，嘴黑色，上背及两胁密布黑色纵纹，颏及上胸黑色；雌鸟单色朴素不起眼，比其他麻雀的眉纹较长，嘴黄色。这便是麻雀中的罕见品种——黑胸麻雀。

黑胸麻雀的英文名为“Spanish Sparrow”，意为西班牙麻雀，是鸟类学家在西班牙采集到标本并进行定名的。黑胸麻雀的分布不局限在西班牙，而是横跨亚欧大陆的，从地中海地区到中亚地区均有分布。在我国，黑胸麻雀仅见于新疆西北部喀什地区，以及天山和昆仑山地区的较低海拔处。

黑胸麻雀和它的近亲家麻雀长得比较像，关系也很亲密，它们可以产下杂交后代。从体型上看，黑胸麻雀比家麻雀略大、略重，它的喙比家麻雀略长且坚固。黑胸麻雀和家麻雀的习性很像，都在农田和稀疏的树林筑巢，不过黑胸麻雀喜欢更加湿润的地方。黑胸麻雀的筑巢工作多半由雄鸟完成，它们的巢建在树上或者灌木上，每窝产 3~8 枚卵，孵化期为 12 天左右，14 天后离巢。在欧洲地区，黑胸麻雀也会在城市中筑巢，它们的社会性比较强，集群飞行和繁殖，在冬季也会迁徙。黑胸麻雀属于杂食性鸟类，以植物的种子和昆虫为食，不过幼鸟主要依靠喂食昆虫，巢期的雏鸟 75%~90% 的食物为昆虫。

黑顶麻雀

黑顶麻雀现在只分布在亚洲，其起源地应该是非洲，在形成初期居留在沙漠里。在第四纪末次盛冰期（距今约25000—15000年）后，由于中亚地区未受冰期影响，干旱草原上的黑顶麻雀种群扩散形成了现在的分布格局。在我国，黑顶麻雀主要分布在新疆的北部、西北部，以及内蒙古和宁夏的部分地区；在国外，主要分布于蒙古国及中亚部分地区。它们栖息于海拔850~1100米，常见于沙化、石漠化的河谷或半荒漠化地区。黑顶麻雀一般成对或小群活动，其叫声是和谐的“吱喳”声或短促的哨声。

和其他几种麻雀不同，黑顶麻雀的栖息地非常不适合人类生存，目前有关黑顶麻雀的报道很少。我在乌鲁木齐白湖一处废弃的土房边遇到过黑顶麻雀，它的头部有花纹，中间一道黑色的冠顶纹至颈背，两侧脸颊的黄褐色非常醒目，眼睛周围的黑色如同戴了副“黑眼罩”。正好旁边落了一只树麻雀，两者一对比，立刻显出黑顶麻雀的不同。黑顶麻雀是地地道道的“新疆麻雀”，也被叫作“西域麻雀”。黑顶麻雀在新疆是留鸟，一年四季都可以见到，常常出现在沙漠绿洲的灌丛里。

鸟类学家刘迺发2009年在甘肃安西极旱荒漠国家级自然保护区对黑顶麻雀的巢址进行了调查、研究。他发现的92个黑顶麻雀的巢都在沙枣树上。这可能是为了巢的安全，沙枣树刺长3~4厘米，可以保障巢和雏鸟避开天敌的袭击。刘迺发发现黑顶麻雀巢呈囊袋状，主要由枯草、棉花、羊毛、枯枝等编织而成，巢在顶端或侧翼开口，巢营造于树主干与侧枝相连的枝杈处，它的巢材为复合性的，巢全封闭，巢材重400克左右，是成鸟体重的十几倍。这种巢厚实、安全、热环境稳定，适合安西保护区当地大风、沙尘较多的气候。

◀黑顶麻雀

山麻雀

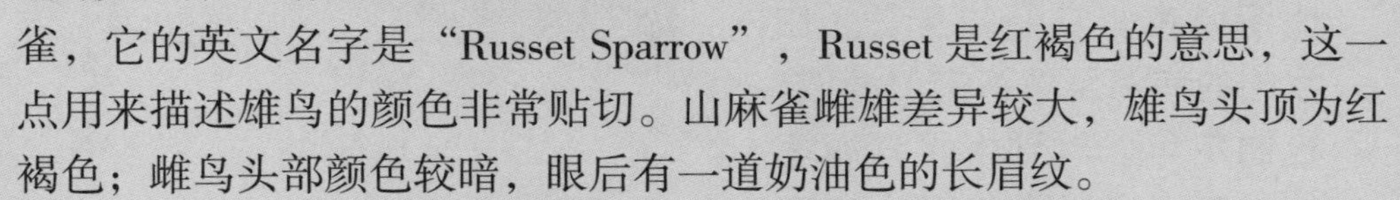

山麻雀

此外，中国还有一种山麻雀，它的英文名字是“Russet Sparrow”，Russet 是红褐色的意思，这一点用来描述雄鸟的颜色非常贴切。山麻雀雌雄差异较大，雄鸟头顶为红褐色；雌鸟头部颜色较暗，眼后有一道奶油色的长眉纹。

山麻雀在我国广泛分布于西南、华中、华南和华东地区。山麻雀常停栖于高地的林地或灌木丛中，在地面活动较少。营巢地多见于居民点附近水泥电线杆的顶端凹陷处、居民屋檐缝隙，以及大树洞穴等。夜宿地通常见于分散独立且无人居住的破旧房屋缝隙、建筑物墙壁的洞穴，以及其他鸟类的弃洞等。觅食地见于地面草丛、打谷场地、开阔的农田作物地段等。短暂停息地包括树冠、庭院、屋顶、杂草丛间，但更多的在高压电线上。

《自然之道》这篇课文告诉我们，要尊重自然规律，人类不要干涉动物界中的捕猎与被捕猎，否则可能适得其反，好心办坏事。

故事中的太平洋绿龟真正的名字叫“太平洋丽龟”，还有一个名字叫“橄榄龟”，这是因为它们身体为灰绿色。成年太平洋丽龟体长60~80厘米，体重一般在25~50千克，是体型最小的一种海龟。课文中的150千克的太平洋丽龟则非常罕见，或者根本不存在。太平洋丽龟虽然名字带有“太平洋”，但其真实的分布范围不止太平洋，在印度洋以及大西洋的加勒比海域也有它们的身影。在我国的南海至黄海南部海域，也偶尔可以看到太平洋丽龟的身影，不过它们不在我国的海岸繁殖。

太平洋丽龟在全球有三大繁殖地，分别位于印度东海岸、墨西哥和哥斯达黎加。每到繁殖季节，数以万计的太平洋丽龟会聚集到海岸，雌龟会在沙滩上挖掘一个简单的巢穴，每一个巢穴大约可以产卵几十到上百枚，产完卵后，雌海龟就不管了。

▲小海龟迅速冲入海中

太平洋丽龟的卵依靠环境温度孵化，孵化率极低，大约几百枚卵才能有一只小海龟存活下来。太平洋丽龟天敌众多，这些卵能够幸存下来实属不易。正常情况下经过 45~50 天的孵化期，小海龟就可以出壳了。出壳后的小海龟会迅速冲入海中，因为海岸上天敌众多，很容易被捕杀。它们一般在浅海活动，以水母、海蜇、海胆、贝类、虾、螃蟹等为食，偶尔也会吃海藻和附着在礁石上的海草等，在食物极度缺乏的情况下也会同类相残。

对于太平洋丽龟威胁最大的不是天敌，而是人类。

每年太平洋丽龟产卵的时候，都会有前来采卵的人类。1987 年，哥斯达黎加甚至专门为太平洋丽龟颁布了“采卵法”，该法规定从繁殖期的第一天开始，在 36 小时之内可以采集太平洋丽龟的卵，超出这个时间采集都属于违法。仅在哥斯达黎加，每年大概有 300 万枚龟卵被人类采集，制成各种小吃。即便如此，人类采集的卵依旧是少数，不足总数量的十分之一，在法律的约束下，理论上还是有大批太平洋丽龟可以顺利孵出。

然而，海洋污染的加剧给太平洋丽龟带来了毁灭性的打击。

2015 年，一段关于太平洋丽龟的视频在网络中热传，视频中显示：科学家在一只太平洋丽龟的鼻孔中取出了一根 12 厘米长的塑料吸管，这很有可能是它误将吸管当成了食物。人类将大量垃圾排入海洋，已经对太平洋丽龟等海洋生物的生存构成严重的威胁。人类活动带来的环境污染，比如海水污染、石油泄漏，这些对其生存也造成了毁灭性的影响。此外，由于人类过度捕捞，每年有大批成年太平洋丽龟死于人类的渔网。在短短的几十年内，太平洋丽龟的种群已经缩减了三分之一，保护太平洋丽龟已经迫在眉睫。

我们遵循自然之道，要学会善待地球上存在的每一个物种。

海洋污染是最严重的环境问题之一

▼ 太平洋丽龟卵

图书在版编目（CIP）数据

你好，动物翻译官 / 赵序茅著. —广州：广东人民出版社，2024.8

（明见·少年科学教育系列）

ISBN 978-7-218-17438-9

Ⅰ.①你…　Ⅱ.①赵…　Ⅲ.①动物—少年读物　Ⅳ.①Q95-49

中国国家版本馆CIP数据核字（2024）第057059号

NIHAO, DONGWU FANYIGUAN

你好，动物翻译官

赵序茅　著

出 版 人： 肖风华

责任编辑： 李力夫

责任技编： 吴彦斌

装帧设计： WONDERLAND Book design 仙境 QQ:344581934

出版发行： 广东人民出版社

地　　址： 广州市越秀区大沙头四马路10号（邮政编码：510199）

电　　话：（020）85716809（总编室）

传　　真：（020）83289585

网　　址： http://www.gdpph.com

印　　刷： 三河市中晟雅豪印务有限公司

开　　本： 787mm×1092mm　1/16

印　　张： 30.5　**字　　数：** 360千

版　　次： 2024年8月第1版

印　　次： 2024年8月第1次印刷

定　　价： 168.00元（全4册）

如发现印装质量问题，影响阅读，请与出版社（020-85716849）联系调换。

售书热线：（020）87716172